RC-IV-11

MITTEILUNGEN DER FORSTLICHEN BUNDESVERSUCHSANSTALT WIEN

(früher „Mitteilungen aus dem forstlichen Versuchswesen Österreichs")

158. Heft   1987

UNTERSUCHUNG UND BEURTEILUNG VON BAUWEISEN DER WILDBACHVERBAUUNG IN IHRER AUSWIRKUNG AUF DIE FISCHPOPULATION

DARGESTELLT AM DEXELBACH - EINEM FLYSCHWILDBACH

ODC 384.3:147:157:(436)

Abdruck der am 25. Okt. 84 approbierten Dissertation

Ingo E. Merwald

Herausgegeben
von der
Forstlichen Bundesversuchsanstalt in Wien
Kommissionsverlag: Österreichischer Agrarverlag, 1141 Wien

Copyright by
Forstliche Bundesversuchsanstalt
A - 1131   Wien

Nachdruck mit Quellenangabe gestattet

Printed in Austria

ISBN 3-7040-0880-x

Herstellung und Druck
Forstliche Bundesversuchsanstalt
A - 1131   Wien

Verfasser: Univ.-Lektor
Dipl.Ing. Dr. nat. techn. Ingo E. MERWALD
Forstliche Bundesversuchsanstalt
Institut für Wildbachkunde
A-1131 Wien, Tirolergarten

INHALTSVERZEICHNIS

Seite

1. Teil

VORWORT UND DANKSAGUNG	9
I. EINLEITUNG UND FRAGESTELLUNG	13
II. DURCHFÜHRUNG DER UNTERSUCHUNGEN	18
1. ENTWICKLUNG UND HEUTIGER ZUSTAND DER FLIESSGEWÄSSER IN ÖSTERREICH	18
2. BESCHREIBUNG DES DEXELBACHES	27
2.1 Orographie des Dexelbaches	27
2.2 Geologische Verhältnisse des Einzugsgebietes	30
2.3 Klima	33
2.3.1 Temperatur	35
2.3.2 Niederschlag	37
2.4 Regionales Gewässersystem	42
2.5 Charakteristik der Bachabschnitte und der morphometrischen Verhältnisse	42
2.6 Chemische Untersuchungsergebnisse	54
2.7 Technische Daten der Projekte und der Schutzbauten	55
2.8 Wildbachchronik	61
2.8.1 Besiedlung des Einzugsgebietes	61
2.8.2 Einflüsse des Fremdenverkehrs	62
2.8.3 Hochwasserchronik	64
3. ABFLUSS	67
3.1 Methodik	67
3.2 Ergebnisse	69
3.3 Zusammenfassung und Diskussion der Ergebnisse	72
4. TEMPERATUR DES GEWÄSSERS	75
4.1 Methodik	76
4.2 Ergebnisse	80
4.3 Zusammenfassung und Diskussion der Ergebnisse	87
5. BENTHOS UND BENTHOSBIOMASSEN	95
5.1 Tier- und Pflanzenwelt des Benthal	95
5.2 Methodik	106
5.3 Ergebnisse	108

	Seite

5.4 Zusammenfassung und Diskussion der Ergebnisse — 115

6. ENTWICKLUNGSGESCHICHTE DER FISCHE, SYSTEMATISCHE ÜBERSICHT UND FLIESSGEWÄSSEREINTEILUNG — 117
6.1 Allgemeine Entwicklungsgeschichte der Fische — 117
6.2 Systematische Übersicht — 118
6.3 Fließgewässereinteilung — 121

7. BIOLOGIE DER HAUPTFISCHARTEN DES DEXELBACHES, SEINE FISCHPOPULATION UND DIE FISCHEREILICHEN VERHÄLTNISSE — 125
7.1 Die Bachforelle — 125
7.1.1 Merkmale — 127
7.1.2 Laichaufstieg und Laichzeit — 127
7.1.3 Laichplatzwahl, Ablaichen und Entwicklung der Eier — 131
7.1.4 Nahrung — 140
7.1.5 Wirtschaftliche Bedeutung — 141
7.2 Die Regenbogenforelle — 142
7.2.1 Merkmale — 142
7.2.2 Laichaufstieg und Laichzeit — 143
7.2.3 Laichplatzwahl, Ablaichen und Entwicklung der Eier — 144
7.2.4 Nahrung — 144
7.2.5 Wirtschaftliche Bedeutung — 145
7.3 Der Bachsaibling — 146
7.3.1 Merkmale — 146
7.3.2 Laichaufstieg und Laichzeit — 147
7.3.3 Laichplatzwahl, Ablaichen und Entwicklung der Eier — 147
7.3.4 Nahrung — 148
7.3.5 Wirtschaftliche Bedeutung — 148
7.4 Fischpopulation des Dexelbaches — 149
7.4.1 Methodik der Bestandsaufnahme — 149
7.4.2 Ergebnisse und Vergleiche — 150
7.4.2.1 Längen-Frequenzdiagramme — 158
7.4.2.2 Alter und Wachstum der Bachforelle — 164
7.4.2.3 Ermittlung der Biomassen mit Hilfe der Längen-Gewichtsregression — 168
7.4.2.4 Kolktiefe und Strukturierung der Bachsohle — 169
7.5 Fischereiliche Verhältnisse — 179
7.5.1 Fischeinstände und Fangmöglichkeiten — 179

	Seite
7.5.2 Fischbiomasse, Ertrag und Besatz	185
7.5.3 Praktische Ratschläge für Fischer	186
7.6 Zusammenfassung, Diskussion und Schlußfolgerungen	187

2. Teil

8. MARKIERUNG DER FISCHE DES DEXELBACHES ALS GRUNDLAGE FÜR WIEDERFÄNGE	205
8.1. Allgemeines	205
8.2 Verschiedene Markiermethoden	205
8.3 Auswahl der für den Dexelbach anwendbaren Markiermethoden	206
8.3.1 Markierung nach der Dennisonmethode	206
8.3.2 Farbmarkiermethode mit der Panjet-Pistole	208
8.4 Narkotikum	211
8.5 Zuammenfassung und Diskussion der Ergebnisse	214
9. UNTERSUCHUNGEN ÜBER DAS WANDERVERHALTEN DER FISCHE DES DEXELBACHES	215
9.1 Einteilung der Wanderungen	215
9.2 Auslösemechanismen	216
9.3 Beobachtungen und Untersuchungen der Laichwanderungen, der Jahres- und Tagesaufstiegszeiten sowie der einzelnen Steighöhen	218
9.3.1 Auswahlkriterien für die Versuchssperren	218
9.3.2 Technische Beschreibung der untersten Staffelung	219
9.3.3 Ermittlung der Jahres- und Tagesaufstiegszeiten sowie der Steighöhen durch Zählung, Höhenschätzung und fotografische Dokumentation	221
9.3.3.1 Allgemeines	221
9.3.3.2 Versuchsablauf am Dexelbach im Jahr 1981	221
9.3.3.2.1 Grundschwelle (Sperre) 8	221
9.3.3.2.2 Grundschwelle 7	223

	Seite
9.3.3.3 Versuchsablauf am Dexelbach im Jahr 1982	223
9.3.3.3.1 Grundschwelle 10	223
9.3.3.3.2 Lichtenbuchinger Graben	224
9.3.3.4 Beobachtung des Laichaufstieges im Stockwinkler Bach 1982	225
9.3.3.5 Versuchsablauf am Dexelbach im Jahr 1983	226
9.3.3.5.1 Grundschwelle (Sperre) 8	226
9.3.3.6 Beobachtung des Laichaufstieges im Stockwinkler Bach 1983	230
9.3.3.7 Zusammenfassung und Diskussion der Ergebnisse	231
9.3.4 Ermittlung des jahreszeitlichen Aufstiegs und der Steighöhen mittels markierter Bachforellen	234
9.3.4.1 Methodik	234
9.3.4.2 Ergebnisse	235
9.3.4.3 Zusammenfassung und Diskussion der Ergebnisse	237
9.3.5 Ermittlung der Steigzeiten und Steighöhen mittels Elektro-Befischung	239
9.3.5.1 Methodik	239
9.3.5.2 Ergebnisse	240
9.3.5.2.1 E-Befischung von Grundschwelle 6	240
9.3.5.2.2 E-Befischung von Grundschwelle 7	241
9.3.5.2.3 E-Befischung von Sperre 8	241
9.3.5.2.4 E-Befischung von Grundschwelle 9	243
9.3.5.2.5 E-Befischung der Grundschwelle 10	244
9.3.5.2.6 E-Befischung der Grundschwelle 11	244
9.3.5.3 Zusammenfassung und Diskussion der Ergebnisse	245
9.3.6 Ermittlung der Steigzeiten und Steighöhen durch Versuche mit veränderlicher Abflußsektion und Kolktiefe	245
9.3.6.1 Methodik	245
9.3.6.2 Ergebnisse	246
9.3.6.3 Zusammenfassung und Diskussion der Ergebnisse	247
9.4 Abdrift und Kompensationswanderung	248
9.4.1 Methodik	248
9.4.2 Ergebnisse	249
9.4.3 Zusammenfassung und Diskussion der Ergebnisse	252

	Seite
9.5 Wanderungen zur Futterplatzsuche	254
9.6 Zusammenfassung und Diskussion der Ergebnisse aus der Untersuchung über das Wanderverhalten der Fische	254
10. UNTERSUCHUNGEN DER LAICHPLÄTZE UND DER LAICHZEIT	259
10.1 Anzahl, Form, Größe und Tiefe	259
10.2 Substrat	262
10.2.1 Korngrößenschätzung	263
10.2.2 Sieblinienauswertung	264
10.3 Strömungsgeschwindigkeit am Laichplatz und Untersuchungen über das Einströmen in das Laichsubstrat	273
10.4 Laichzeit	280
10.5 Zusammenfassung und Diskussion der Ergebnisse	281
11. BEURTEILUNG VON VERBAUUNGSMETHODEN UND BAUTYPEN DER WILDBACHVERBAUUNG HINSICHTLICH DER MÖGLICHKEITEN DES ERHALTENS UND ANHEBENS DER FISCHPOPULATION BEI WAHRUNG DER SCHUTZFUNKTION.	285
11.1 Verbauungsmethoden	285
11.2 Querwerke	291
11.2.1 Konsolidierungswerke	292
11.2.1.1 Stütz- und Sohlgurten	292
11.2.1.2 Grund- und Sohlschwellen	292
11.2.1.3 Konsolidierungssperren	295
11.2.1.4 Sinoidalschwellen	301
11.2.1.5 Sohlrampen	302
11.2.1.6 Spezielle Fischunterstandsbautypen	302
11.2.2 Rückhalte- und Retentionssperren	306
11.2.3 Dosiersperren	307
11.2.4 Sortiersperren	307
11.3 Längswerke	309
11.3.1 Leitwerke	309
11.3.1.1 Ufermauern	309
11.3.1.2 Uferdeckwerke	310
11.3.1.3 Steinwürfe und Steinschlichtungen	311
11.3.2 Schalen und Künetten	313
11.3.3 Buhnen	316

Seite

11.4 Gegenüberstellung und Beurteilung von Verbauungen und Verbauungstypen aus hydrobiologischer Sicht an Hand von Fotobeispielen ... 316

11.4.1 Verbauungen und Verbauungstypen, die aus hydrobiologischer Sicht abzulehnen sind ... 316

11.4.2 Verbauungen und Verbauungstypen, die aus hydrobiologischer Sicht erwünscht sind ... 320

11.5 Beurteilung der Funktion von Verbauungstypen der Wildbachverbauung in ihrer Auswirkung auf die Fischpopulation ... 324

12. HYDROBIOLOGISCHER ZEITPLAN FÜR BAUEINGRIFFE IN WILDBÄCHE, WILDFLÜSSE UND ANDERE KLEINGEWÄSSER ... 325

13. HYDROBIOLOGISCH-TECHNISCHE VERBESSERUNGSMASSNAHMEN ... 326

14. ZUSAMMENFASSUNG DER UNTERSUCHUNGSERGEBNISSE UND VORSCHLÄGE FÜR DIE PRAXIS ... 327

III. ABKÜRZUNGSVERZEICHNIS ... 331

IV. FACHWÖRTERVERZEICHNIS ... 332

V. LITERATURVERZEICHNIS ... 337

VI. ANHANG ... 344

VII. PLÄNE

8. MARKIERUNG DER FISCHE DES DEXELBACHES ALS GRUNDLAGE FÜR WIEDERFÄNGE

8.1 ALLGEMEINES

Für die Auswahl der Markierungsmethoden war umfangreiches Literaturstudium notwendig; es mußten auch mehrere Versuche durchgeführt werden, um für die Markierung der Fische des Dexelbaches die beste Methode herauszufinden.

Anforderungen an die Markierungsmethode:

Die Markierung muß so eindeutig sein, daß die spätere Identifizierung des einzelnen Fisches einwandfrei erfolgen kann. Sie muß überdies mehrere Jahre lesbar bleiben und darf den Fisch weder im Wachstum noch bei der Futteraufnahme etc. beeinträchtigen. Außerdem muß sie auch für kleine Fische (1+), etwa ab 120 mm Größe, verwendbar sein.

Die markierten Fische wurden auf Karteiblättern mittels fortlaufender Numerierung registriert, wodurch nach der Markierung der Aussetzungsort festgehalten und nach den Wiederfängen die Migrationsstrecken festgestellt werden konnten.

8.2 VERSCHIEDENE MARKIERMETHODEN (LAIRD und STOTT in BAGENAL, 1978)

Folgende Markierungsmethoden wurden ausgeschieden, da sie am Dexelbach aus verschiedenen Überlegungen heraus nicht angewandt werden konnten:

- Beschneiden der Flossen (fin clipping)
- Markierung mit Metallplättchen, die an verschiedensten Körperteilen befestigt werden können (tags)
- Brandmarkierung (branding)
- Tätowierung (tattooing)
- Färbung von Körperteilen durch Eintauchen in Farbstoffe oder Farbstoffbeimengungen in das Futter (vital stains), letzteres wird für Kleinfische verwendet
- Anwendung von Fluoreszenzmaterial oder Latexinjektionen (fluoreszent materials or injections with latex)
- Eingebaute Sender (sonic tags)

Von den verbliebenen Markiermethoden standen die Markierung mit Plastikplättchen nach dem System Dennison und jene mit der Farbmarkiermethode Panjet zur engeren Auswahl. Beide Methoden wurden auf ihre Anwendungsmöglichkeit getestet. Für jede Markierungsart wurde ein System ausgearbeitet, das die eindeutige Identifikation jedes Fisches von Nummer 1 bis mindestens 300 ermöglichen soll.

8.3 AUSWAHL DER FÜR DEN DEXELBACH ANWENDBAREN MARKIERMETHODEN

8.3.1 Markierung nach der Dennisonmethode

Hier wird ein Plastikplättchen mit einem dünnen Stiel, der mit einem kleinen Querbalken senkrecht zu diesem endet, als Marke verwendet. Genannte Markiermethode findet hauptsächlich in der Textilindustrie Verwendung. Die Plättchen sind im Bereich des Querbalkens miteinander zu längeren Packungen verbunden. Diese sind verschiedenfärbig lieferbar und können in den Dennisonmarkierdrücker wie ein Magazin eingeschoben werden. Durch Betätigen des Drückers wird das jeweilige Plättchen von der Packung getrennt und über eine schlitzförmig offene Hohlnadel in das jeweilige Substrat eingeführt. Bei Fischen hat sich der Einstich in den Rückenmuskel unter die Rückenflosse nach Art einer Köderfischbefestigung als günstigste Lösung herausgestellt. Nach dem Verlassen der Hohlnadel dreht sich der Querbalken am Stiel im Muskelfleisch wieder aus seiner Transportstellung um 90° zum Stiel zurück und liegt somit, quer zur Längsachse des Fisches, in dessen Muskelfleisch gut verankert. Das Markierplättchen ragt hinter der Rückenflosse einen Zentimeter frei heraus und behindert den Fisch kaum. Das Plastikplättchen kann nun mit den verschiedensten Markierungen versehen werden. Dazu zählen eingeritzte Nummern, verschiedene Kerben und Lochsysteme, Kombinationen von beiden, Abkappungen am Plättchen und dgl. Die aufgezählten Möglichkeiten wurden alle praktisch getestet (Foto 18).

Vorteile: Preisgünstige Markiermethode; einwandfrei arbeitender Dennisonmarkierdrücker; zahlreiche Systeme der Numerierung sind am Plättchen anwendbar; gute Sichtbarkeit des Plättchens

für Freiwasserbeobachtungen, besonders mit Farbplättchen;
bestens geeignet für die Beobachtung von Fischmigrationen.
Nachteile: Die Anbringung von zahlreichen Kerben zerstört
manches Plättchen durch Ausbrechen von Randteilen. Nach dem
Entfernen der beschädigten Plättchen stimmt die Numerierung
der gesamten Packung nicht mehr. Da bei manchen Packungen die
Plättchen verdreht sind, ergeben sich unangenehme Komplika-
tionen. Bei Dennisonplättchen müssen die Markennummern vor
der Anbringung am Fisch fertig sein.

Foto 18: Bachsaiblinge nach der Dennison- und Farbmarkierung
mit der Panjet-Pistole markiert.

Dies hat den Nachteil, daß bei Fehlstichen oder Verlust eines
Plättchens die gesamte bereits markierte Magazinpackung nicht
mehr verwendbar ist. Der Einstich ist für den Fisch schmerz-
haft und für den Markierenden unangenehm durchzuführen. Das
Plättchen sitzt nicht immer richtig, sodaß ein zweiter Stich
durchgeführt werden muß.
Fische, die sich viel in Einständen aufhalten, reißen sich
leicht das Plättchen heraus, was zu einer neuerlichen Verletzung führt, die wieder leicht ein Verpilzen zur Folge hat. Der

Verlust von Plättchen war bei den meisten Bachforellen und
Bachsaiblingen im Dexelbach sehr bald eingetreten. Bei den am
28.8.81 im Teich ausgesetzten Bachsaiblingen trat bei einigen
Exemplaren der Verlust des Plättchens ebenfalls sehr bald auf,
einige bekamen Verpilzungen. Ein zusätzlicher und nicht geringer Nachteil war bei Wiederfängen, daß die markierten Fische
mit ihren Plättchen im Keschernetz hängenblieben und sich dabei neuerlich verletzten oder die Markierplättchen dabei sogar ausgerissen wurden. Die Plättchen nach der Dennisonmethode
blieben maximal 12 Monate am Fisch, oft nur wenige Wochen.
Ein schwerwiegender Nachteil bezüglich der Lesbarkeit der Marke
entstand durch deren intensive Bemoosung, die in den Sommermonaten bereits nach vier Wochen die Lesbarkeit erschwerte. Nach
einigen Monaten war es nur mehr nach dem Abkratzen des Plättchens möglich gewesen, dieses zu lesen. Durch das Abkratzen
wurden die eingeritzten Nummern wieder unlesbar.
Die Testversuche zeigten, daß diese anfänglich sehr erfolgversprechende Markiermethode aus den oben angeführten Gründen für
eine großangelegte Markierung am Dexelbach ungeeignet war.

8.3.2 Farbmarkiermethode mit der Panjet-Pistole

Die ersten Markierversuche wurden mit einsömmerigen Huchen und
später mit mehrsömmerigen Bachforellen und Bachsaiblingen
durchgeführt. Die Huchen wurden mit Alcianblau 8 GS (Loba-Chemie) mittels der Panjet-Pistole in verschiedene ausgewählte
Körperstellen injiziert, um durch diese Punktmarkierungen die
Überlebenschancen der Fische und die Eindringtiefe des Farbstoffes zu testen. Die Huchen blieben nur im Aquariumraum der
Abteilung Hydrobiologie und Fischereiwirtschaft an der Universität für Bodenkultur zur Beobachtung, während die später
markierten Bachforellen und Bachsaiblinge in einem kleinen
Teich oder im Dexelbach ausgesetzt wurden.
Die Eindringtiefe des Farbstoffes wurde an sezierten Fischen
nachgeprüft, und betrug je nach hart oder weich schießender
Pistole zwei bis sechs Millimeter und wies eine intensive
Farbeindringung in das Muskelfleisch auf. Das Mischungsverhältnis betrug 6,4 g auf 100 ml Wasser. Bei den ersten Injek-

tionstestversuchen im Frühjahr 1981 an einsömmerigen Huchen gab es einige Ausfälle durch zu tief liegende Schüsse, die das Rückgrat verletzt hatten. Neben diesen tödlichen Ausgängen gab es auch Verkrüppelungen im Schwanzteil. Bei einer später durchgeführten Markierung trat bei einem Bachsaibling der plötzliche Tod mit blau werdenden Kiemen ein. Hier hatte der Markierungsschuß die Aorta getroffen. Mit diesen Versuchen wurden jene Körperstellen herausgefunden, die eine dauerhaft lesbare Markierung ohne Fischverlust zulassen.

Entsprechend dieser Stellen wurde dann von mir ein Numerierungssystem entwickelt, bei dem die Einer links-, die Zehner rechtsseitig und die Hunderter dorsal hinter der Rückenflosse markiert werden. Die Nummer 1 beginnt knapp hinter dem Kiemendeckel lateral-dorsal. Der Punkt 2 liegt genau zwischen der Nummer 1 und der Nummer 3, die wiederum direkt unterhalb des vorderen Anatzes der Rückenflosse injiziert wird. Der Punkt 4 ist in der Mitte unter der Rückenflosse anzubringen und der Punkt 5 unterhalb des hinteren Endes dieser Flosse. Der Punkt 6 befindet sich genau in der Mitte zwischen dem hinteren Ende der Rückenflosse (5) und der Fettflosse, unterhalb der wiederum die Markierung 7 liegt. Punkt 8 ist lateral-dorsal am Schwanzstiel zu injizieren, und der letzte Punkt liegt lateral-ventral im Bereich der unpaarigen Afterflosse.

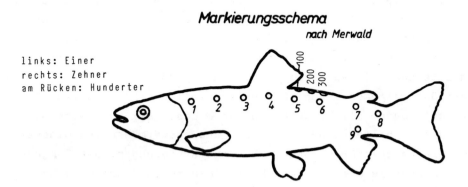

Abb. 27: Schema für Farbmarkierung von Salmoniden mit der Panjet-Pistole nach MERWALD (1982)

Die Zehner werden wie bereits erwähnt, an der rechten Seite
nach demselben Schema injiziert.
Jeder Farbpunkt dorsal, unmittelbar hinter der Rückenflosse
angebracht, bedeutet Hundert.
Aus der Kombination der linken und rechten lateralen, ventralen sowie der dorsalen Punkte ergibt sich die exakte Nummer
des Fisches.
Bei dieser Markierungsart ist die genaue Verdünnung des Farbstoffes Alcian zu beachten, weiters auf peinliche saubere Reinigung der Injektionsdüse. Das senkrechte Aufsetzen des Abstandshalters auf die Epidermis des zu markierenden Fisches
ist sehr wichtig. Die Alcian-Verdünnung darf in der Panjet-Pistole nicht länger als einige Stunden ohne Verwendung bleiben, da sonst ein Auskristallisieren stattfindet. Die Kristalle
führen dann zu einer teilweisen Verlegung der Düse und daher
bei der nächsten Markierung zu einem Punkt mit wesentlich kleinerem Durchmesser, wodurch die Identifikation sehr erschwert
wird. Bei dieser Markierungsart ist noch zu beachten, daß der
blaue Farbstoffpunkt nicht direkt in einen dunklen Fleck der
Epidermis geschossen wird. Darauf ist besonders bei den Bachsaiblingen zu sehen, da ihre intensive Marmorierung die Punkte
stark abdeckt.
Die Panjet-Pistole arbeitet nach dem Prinzip der nadellosen Injektion. Sie besteht aus einer ca. 20 cm langen Chromhalterung,
die im oberen Teil einen Schlagbolzen eingebaut hat, der durch
einen Hebel gespannt wird. Bei der Auslösung dringt der Bolzen
in den mit Markierflüssigkeit versehenen Glasbehälter ein, der
im unteren Teil des Gerätes liegt und preßt die Markierflüssigkeit über eine Düse aus. Der untere Teil des Gerätes ist für
die Reinigung, die Füllung und den Wechsel der Düse mitsamt
dem Distanzhalter abnehmbar. Das Fassungsvermögen des Glasbehälters reicht für ungefähr 70 Punktmarkierungen. Die Panjet-Markierpistole wird von den Dental Labors in Dund ee, Schottland, erzeugt.
Am 14.5.1981 wurde das Markiersystem nochmals an neun Huchen
(90-170 mm) und einem Seesaibling (75 mm), alle einsömmerig,
erprobt.

Der mit Nummer 2 markierte Huchen ging nach drei Tagen ein. Die
Untersuchung ergab, daß die Panjet-Pistole einen Durchschuß
hervorgerufen hatte. Da der Schuß zu nahe am Rückgrat verlief,
war das die Ursache für den tödlichen Ausgang. Nummer 3 blieb
als Folge der Markierung im Schwanzteil bei Punkt 8 verkrüppelt. Nummer 7 war 95 mm lang und erhielt ebenfalls einen
Durchschuß, der bewirkte, daß der rechtsseitige Schwanzteil
blau gefärbt blieb. Die Markierung von Nummer 9 hatte ebenfalls
eine blaue Verfärbung im Schwanzabschnitt zur Folge.
Die verwendete Pistole wurde anschließend gegen eine weicher
schießende ausgetauscht, die an toten Fischen getestet worden
war.
Am 1.7.1981 wurden die markierten Huchen, die im Aquarium mit
unmarkierten Exemplaren zusammenlebten, untersucht. Es konnten
keinerlei Wachstumsstörungen festgestellt werden. Der Seesaibling gedieh ebenfalls prächtig.
Nach dem Versuch mit Huchen, die im Querschnitt einen drehrunden Körper aufweisen, während Bachforellen und Bachsaiblinge
seitlich mehr zusammengedrückt sind, war als sicher anzunehmen,
daß die nunmehrige Markierungsmethode kaum Ausfälle nach sich
ziehen würde; erst danach wurde am Dexelbach markiert.

8.4 DAS NARKOTIKUM

Um die Markierung so durchführen zu können, daß der blaue Farbpunkt genau an jener Stelle zu liegen kommt, die dafür vorgesehen ist, und keine Verwechslung mit benachbarten Punkten eintritt, mußte ein Betäubungsmittel verwendet werden. Um Verwechslungen bei diesem System auszuschließen, mußte besonderes
Augenmerk beim Setzen der Punkte 1 und 2, 3 und 4 bzw. 5 aufgewendet werden.
Als Narkotikum wurde MS 222 verwendet, das von der Firma Sandoz hergestellt wird und von der Abteilung Hydrobiologie und
Fischereiwirtschaft an der Universität für Bodenkultur mit
bestem Erfolg bereits mehrfach eingesetzt worden war. Dieses
Mittel, das in Pulverform erhältlich ist, kann im Gelände
leicht mitgetragen und an Ort und Stelle in einem Kübel gemischt werden. Das Narkotikum, das ursprünglich als örtliches

Betäubungsmittel in der Humanmedizin verwendet wurde, ist auch als Sedativum und Anästhetikum für Kaltblüter in Gebrauch. Es eignet sich bestens zur temporären Ruhigstellung von Fischen und anderen Kaltblütern und ist daher zum Messen, Wiegen, Markieren und dgl. bestens geeignet. Dieses Anästhetikum ist einfach in der Anwendung, von schneller und intensiver Wirkung sowohl für den zu behandelnden Organismus als auch für den Handhabenden ungefährlich. Die betäubten Fische erholen sich im Frischwasser sehr rasch.

MS 222-Sandoz ist das Methansulfonat des meta-Aminobenzoesäure-äthylesters - oder kurz als Äthyl-m-Aminobenzoat bezeichnet - mit der Formel $C_9H_{11}O_2N+CH_3SO_3H$. Es ist ein feines, weißes, kristallines Pulver, das zu 11 % im Wasser löslich ist und sich beim Auflösen in eine klare, farblose, saure Lösung verwandelt. Es ist mit jedem Wasser misch- und in der Konzentration von 1:1.000 bis 1:30.000 verwendbar. Im allgemeinen werden Lösungen von 1:10.000 (1 g auf 10 l Wasser) völlig ausreichen, um Fische ruhig zu stellen. Die sowohl von der Größe des Fisches als auch von der Konzentration abhängige Wirkung setzt innerhalb von rund 15 Sekunden ein. Der Fisch beginnt zuerst einige Male zu schnappen, dann zu zucken und legt sich nach ca. 15 Sekunden auf die Seite. Das ist dann der richtige Zeitpunkt, den Fisch aus dem Betäubungsmittel zu nehmen und mit den Arbeiten zu beginnen. Der anästhetisierte Fisch wird dann in Ruhe vermessen und markiert, anschließend setzt man ihn in sauerstoffreiches Wasser zurück. Seine Atmung beginnt sich zu intensivieren, und der Fisch stellt sich langsam in die Schwimmlage auf. Erst wenn sich diese endgültig stabilisiert hat, kann der Fisch wieder in den Bach zurück versetzt werden, wobei schnelle Strömung wegen der Verletzungsgefahr während der Abdrift noch zu vermeiden ist.

MS 222-Sandoz beeinflußt die Ciliartätigkeit nicht, die Wirkung auf die Muskeltätigkeit tritt rasch ein. Auch eine länger andauernde Behandlung, zumal mit einer schwächeren Konzentration, ist absolut unschädlich, und MS 222-Sandoz Narkose kann wiederholt werden, wenn der Fisch in der Zwischenzeit in sauerstoffreichem Frischwasser war.

Falls aus Versehen das pulverförmige Anästhetikum in das fließende Bachwasser kommen sollte, so besteht für die unterhalb stehenden Fische keine Gefahr, da die Lösung zu wenig konzentriert und durch die Strömung zu flüchtig wäre. Das MS 222-Sandoz Narkotikum bietet überdies den Vorteil, daß der Genuß von behandelten Fischen keinerlei nachteilige Folgen mit sich bringt.

Dem Licht ausgesetzte Lösungen zeigen bald eine gelbbraune Verfärbung, wodurch aber die Wirksamkeit nicht verloren geht. Erst bei mehrtägiger Aufbewahrung und bei Raumtemperatur läßt die Wirkung nach (BOVE, unbek.).

Aus eigenen Erfahrungen möchte ich noch ergänzend berichten, daß das Narkotikum von mir nicht mehrere Tage lang verwendet wurde, da die Wirkung doch schneller nachgelassen hatte, als oben erwähnt. Auch war meiner Meinung nach der Sauerstoffgehalt der Lösung bald zu gering, wodurch es bei einigen Fischen beinahe zu einem letalen Ende gekommen wäre.

Foto 19: Bachsaibling markiert mit der Panjet-Pistole nach Markierschema von MERWALD. Der blaue Markierpunkt im rechten Teil des Nackens bedeutet zehn.

8.5 ZUSAMMENFASSUNG UND DISKUSSION DER ERGEBNISSE

An die Markierung der im Dexelbach lebenden Fische wurden viele Anforderungen gestellt. Die Markierung mußte so eindeutig sein, daß
- jede spätere Identifikation einwandfrei möglich ist,
- sie mehrere Jahre mit Sicherheit lesbar bleibt, damit mehrjährige Versuche durchgeführt werden können,
- der Fisch weder im Wachstum noch in seiner Lebensweise behindert wird und
- sie muß leicht applizierbar und auch für kleinere Fische verwendbar sein.

Da die Farbmarkierung nach der Panjet-Methode allen Anforderungen am besten entsprochen hat, wurde sie aus der Vielzahl der bekannten Möglichkeiten ausgewählt.

Die Pistole arbeitet nach der Art der nadellosen Injektion und ermöglicht das Injizieren eines Farbstoffes in das Muskelfleisch des Fisches. Am Dexelbach wurde der Farbstoff Alcianblau 8 GS verwendet.

Durch die Kombination von maximal 3 - 4 injizierten Farbpunkten an verschiedenen Körperstellen des Fisches, konnte eine Numerierung bis 300 durchgeführt werden.

Um die Farbpunkte genau setzen zu können, mußte noch ein kurzfristig wirkendes Narkotikum gefunden werden. Das Präparat MS 222-Sandoz, das für ähnliche Versuche bereits mit bestem Erfolg in Verwendung war, wurde für das Markieren am Dexelbach herangezogen.

Nach mehrmaligen Tests an Versuchsfischen im Aquarienraum der Abteilung für Hydrobiologie und Fischereiwirtschaft und in einem Teich, wurden bei mehreren E-Befischungen die gewünschten Fische im Dexelbach gefangen, markiert, vermessen und wieder in den Bach zurückgesetzt.

9. UNTERSUCHUNG ÜBER DAS WANDERVERHALTEN DER FISCHE DES DEXELBACHES

9.1 EINTEILUNG DER WANDERUNGEN

Die klassischen Wanderfische sind Lachs und Aal. Der Lachs steigt zum Laichen vom Meer in die Flüsse auf. Dies ist eine sogenannte anadrome Wanderung (griechisch ana=hinauf). Für die Richtungsangabe ist jeweils die zum Laichplatz gerichtete Migration ausschlaggebend. Der Aal lebt als Gelbaal 4 bis 10 Jahre im Süßwasser, wandelt sich langsam zum Blankaal (geschlechtliche Form) und wandert in das Meer ab, um seine Laichplätze in der Sargasso-See zu erreichen. Dort stirbt er nach dem Laichen. Die Länge dieser katadromen (kata=hinab) Migration beträgt 4.000 bis 7.000 Kilometer.

Unsere heimischen Fischarten unternehmen größtenteils zu bestimmten Zeiten und Entwicklungsphasen mehr oder weniger weite anadrome Wanderungen. Diese Migrationen werden von rheophilen und stagnophilen Halbwanderern durchgeführt. Die ursprünglich für die Donau bedeutenden rheophilen Wanderfische wie Hausen, Sterlet, Donauhuchen und Schied sind heute nicht mehr anzutreffen.

Laich- und Einstandswanderungen sowie jene zur Futtersuche sind für das Überleben der Elterntiere und zur Sicherung der Nachkommenschaft im Lebenszyklus der Fische eingerichtet (NIKOLSKY, 1963).

Nach der Ursache und dem Ziel unterscheidet man folgende fünf Arten von Wanderungen, die hier nach ihrer Bedeutung für den Dexelbach angeführt werden.

1. <u>Laichwanderungen:</u> Sie werden teilweise dadurch bedingt, daß Eier und Brut für ihre Entwicklung ein anderes Biotop benötigen. Sie sollen nach VASNETSOV (1953) beste Bedingungen für die Entwicklung der Eier und Brut schaffen sowie die Brütlinge und Jungfische vor Räubern schützen. Aus diesen Gründen allein wäre aber am Dexelbach die Laichwanderung nicht nötig. Hierauf wird später noch zurückgekommen.

2. _Abdrift:_ Diese ist eine teilweise passive Wanderung, bei der manche Fische oft über weite Strecken abgetrieben werden. In Fließgewässern mit Absturzbauwerken ist sie von sehr nachteiliger Auswirkung.
3. _Kompensationswanderung:_ Sie dient zum Ausgleich der Abdrift und ist in Fließgewässern mit Absturzbauwerken sehr von deren Höhe abhängig. Sie ist der aktive Ausgleich zur Abdrift.
4. _Wanderungen zur Futtersuche:_ Diese werden durch Konkurrenzdruck und entwicklungsbedingte Nahrungsumstellung verursacht. Es sind dies aber kurze Wanderungen, sie werden auch als diurne Migrationen bezeichnet, sind am Dexelbach aber von untergeordneter Rolle.
5. _Einstandswanderungen:_ Es sind dies jahreszeitlich bedingte Wanderungen, die die Fische in das Winterlager und aus diesem wieder herausführen. Am Dexelbach und bei anderen Wildbächen unbedeutend, da sich die Fische hier nur in den Kolk oder tiefen Gumpen einstellen.

9.2 AUSLÖSEMECHANISMEN

Das Einsetzen der jeweiligen Wanderung hängt von verschiedenen Faktoren ab. Nach NIKOLSKY (1963) ist der Übergang zum wanderbereiten Fisch von einer gewissen Kondition des Individuums, seinem Ernährungszustand, dem gespeicherten Fett, der Entwicklung seiner Gonaden und dgl. abhängig.

Bei der Laichwanderung wird angegeben, daß es notwendig ist, für Eier und Brut ein anderes Biotop aufzusuchen. Diese Notwendigkeit ist bei vielen rheophilen Kurzwanderern eigentlich nicht gegeben, da fast jeder Gewässerabschnitt, den sie durchwandern, meist mehr oder minder zum Laichen geeignete Stellen aufweist, wie dies am Dexelbach belegt werden kann. Daher müssen bei der Laichwanderung noch andere Gründe in ursächlichem Zusammenhang stehen. Denn nur zu wandern, weil die Laichwanderung in der Erbmasse genetisch festgelegt ist, da dies vielleicht einmal in der Frühzeit der Entwicklungsgeschichte der Fische lebensnotwendig war, erscheint nicht plausibel.

Es hätte sich dieser nicht mehr notwendige Wandertrieb rückgebildet und wäre nur mehr auf ein Aufsuchen eines geeigneten Laichplatzes in nächster Umgebung beschränkt.
Es ist vielmehr anzunehmen, daß der Wandertrieb mit anderen Funktionen gekoppelt sein muß:
- Die Erhaltung der Art, insbesondere durch die Besiedlung neuer Lebensräume; auch um dem Konkurrenzdruck auszuweichen.
- Die natürliche Auslese (Selektion), die es nur gesunden und kräftigen Exemplaren erlaubt, die besten Laichplätze zu erobern und zu verteidigen. Schwache Fische müssen auf schlechtem Substrat (Ersatzlaichplätze) laichen, wie dies der Fall ist, wenn Fische den Aufstieg über Verbauungen oder natürliche Hindernisse nicht schaffen. So müssen sie dann am Kolkboden oder im Auslauf laichen, wo die Eier leicht verpilzen, trocken fallen, ausfrieren oder von Tieren leichter gefressen werden.
- Die Laichwanderung verhindert die Inzucht und sorgt so für eine dauernde Vermischung der gesamten Fischpopulation eines Gewässers.
- Begünstigung bei der Partnersuche.
- Es besteht auch noch die Möglichkeit, daß erst durch die Wanderung Mechanismen ausgelöst werden, die für den Laichvorgang von Bedeutung sind.

Die Vermutung, die von JENS (1982) ausgesprochen wurde, daß es noch nicht geklärt ist, ob der Laich auch ohne Wanderung reif wird, ist bereits durch die Versuche von FROST und BROWN (1967) einer Klärung zugeführt worden.
Die Reifung der Gonaden hängt vom physiologischen Zustand des Fisches ab und wird zusätzlich über die Hirnanhangdrüse gesteuert. Wie Versuche von FROST und BROWN (1967) bewiesen, erzeugt ein innerer Jahresbiorhythmus (endogener Reiz), der von Umwelteinflüssen (exogene Reize) unabhängig ist, in den Fischen zum richtigen Zeitpunkt einen Laichdrang oder Laichstimmigkeit. So erzeugen die Follikel von einigen aufgeplatzten Eiern ein Hormon, welches das Reifen der übrigen Eier und das rechtzeitige Einsetzen der Laichaktivität bewirkt (vgl. Kap. 7.1.2).

Der genaue Ablauf dieses komplizierten Vorganges ist noch nicht erforscht.

Ist der Laichdrang erst einmal vorhanden, dann dürften verschiedene exogene Reize den eigentlichen Anstoß für den Beginn des Laichaufstieges bei Kurzwanderern bewirken.

Für das letzte intensive Steigen von laichbereiten Forellen wird in erster Linie von einigen Autoren (FROST und BROWN, 1967; STUART, 1957) der Temperaturabfall auf 6° bis 7°C angeführt. Dies stimmte aber mit den Messungen und Beobachtungen am Dexelbach nicht überein. Bei Cypriniden, die Frühjahrslaicher sind, wurde der Temperaturanstieg von ROSENGARTEN (1953) als auslösender Faktor angegeben.

9.3 BEOBACHTUNGEN UND UNTERSUCHUNGEN DER LAICHWANDERUNGEN, DER JAHRES- UND TAGESAUFSTIEGSZEITEN SOWIE DER EINZELNEN STEIGHÖHEN

9.3.1 Auswahlkriterien für die Versuchssperren

Da in der unteren Staffelstrecke die Grundschwelle 8 (hm 12,45) nach der Zerstörung ihrer Sohlgurte durch Hochwassereinwirkung einen Überfall von 1,42 bis 1,46 m Höhe in der Mitte der Abflußsektion aufwies und je nach Ausgestaltung des nach unten anschließenden Bachbettes somit das höchste Hindernis für den Fischaufstieg darstellte, wurde sie für die Aufstiegsversuche in erster Linie ausgewählt (Abb. 25). Ein weiteres Kriterium für die Wahl dieser Sperre war, daß 6 darunterliegende Sperren für Bachforellen bei ausreichender Wasserführung überwindbar schienen. Somit ist eine große Zahl von steigfreudigen Fischen im Kolk von Sperre 8 vorhanden, und es müßten keine Neufänge, die eventuell durch Umstellungsschwierigkeiten das Ergebnis verfälscht hätten, eingesetzt werden. Die oberhalb situierten Grundschwellen 9 (hm 12,60) und 10 (hm 12,75) mit Überfallshöhen von 63 und 73 cm wurden ebenfalls für die Versuchsdurchführung herangezogen. Eine gute Zugänglichkeit und nicht zu lange und schwierige Antransporte von notwendigen Baumaterialien und Meßgeräten war auch hier gegeben.

9.3.2 Technische Beschreibung der untersten Staffelung

Das Schwergewicht der Untersuchung lag auf Grundschwelle (Sperre) 8 (hm 12,45). Hier handelt es sich um eine doppelwandige Steinkastensperre, die in der Staffelstrecke zwischen Sperre 1 (hm 11,55) und der Grundschwelle 11 (hm 13,04) liegt. Die Sperre 1 wurde erst 1976 als Ersatz für zwei durch das Hochwasser von 1972 beschädigte Grundschwellen errichtet und ist das Abschlußbauwerk der Staffelstrecke zum Unterlauf. Sie ist in ZMMW-Bauweise ausgeführt, 2,5 m hoch und unterbindet den Fischaufstieg völlig. Die daran bachaufwärts anschließenden Grundschwellen sind alle in doppelwandiger Steinkastenbauweise ausgeführt und zwar derart, daß die Flügel der Abflußsektion von Grundschwelle 2 (hm 11,77) bis 6 (hm 12,14) l.ufr. in ZMMW-Bauweise errichtet wurden, r.ufr. dagegen in einfacher Holzbauweise, da durch das Hochwasser vom 25./26.7. 1972 die ursprünglich doppelwandig ausgeführten Sperrenflügel zerstört wurden. Beginnend mit der Grundschwelle 7 (hm 12,27) sind beide Flügel der Abflußsektionen in ZMMW-Bauweise ausgeführt. Ein durchgehendes Leitwerk in derselben Bauweise sichert das l. Ufer von Sperre 1 (hm 11,55) bis Grundschwelle 11 (hm 13,04) und r.ufr. von Grundschwelle 7 (hm 12,27) bis 11. Diese Staffelstrecke wurde im Jahr 1951 gebaut. Um die Unterkolkung der Leitwerke zu verhindern, wurde jede Grundschwelle mit einem trapezförmig erweiterten Vorfeld versehen. Da diese Absturzbauwerke hinsichtlich Unterkolkung nicht deckend ausgeführt wurden, mußte jedes durch ein Tosbecken, das durch Einziehen einer Sohlgurte in die teilweise vorhandenen Leitwerke hergestellt wurde, abgesichert werden. Durch den Geschiebetrieb wurden diese Holzsohlgurten jedoch frühzeitig zerstört, sodaß ein Großteil der Grundschwellen unterkolkt und nur mehr durch den Schwerboden vor dem Ausrinnen abgesichert ist. Durch die ursprünglich vorhandene Tosbeckensicherung, die eine ständig gleichhohe Wasserspiegelhöhe garantierte, waren die Überfallshöhen bei den einzelnen Querwerken um 20 bis 30 cm niedriger als sie derzeit sind. Diese bautechnische Sicherungsmaßnahme brachte unbeabsichtigt eine wesentliche Verbesserung für die Aufstiegsmöglichkeiten der Bachforellen in diesem Bereich. Für Trockenperioden sind die Grundschwellen von 6 (hm 12,14) abwärts für eine beständige Wasserführung zu hoch im Gelände eingebettet und werden vom Grundwasserbegleitstrom sowohl im Fundament- als auch Kolkbereich unterflossen. Das führt in niederschlagsarmen Jahren zu einem Trockenfallen der Sperrenkolke im unteren Bereich der Staffelung und somit zu bedeutenden Fischverlusten. Dies war in den heißen und trockenen Sommern 1971, 1872, 1973 1979, 1982 und 1983 der Fall und sogar zu Beginn des Winters 1983. Besonders gefährdet in der Reihenfolge ihres Trockenfallens sind die Sperrenkolke 2 (hm 11,72) bis 4 (hm 11,94), 5 (hm 12,03) und 1 (hm 11,55). In den beschriebenen Trockenphasen war die Gewässersohle unterhalb des Kolkes der Sperre 1 vor dessen Austrocknung einige Male auf eine Länge von 30 m ausgetrocknet, von hm 12,20 bis hm 11,50. Dies ist ein gewichtiger Fingerzeig für die zu geringe Fundierung des Abschlußbauwerkes. Meine Beobachtungen in dem 12-jährigen Zeitraum ergaben, daß dieser 30 m lange Bachabschnitt auch bei guter Wasserführung von den Bachforellen noch nie belaicht wurde.

Um exakte Nachweise über Steigzeiten und Steighöhen zu erhalten, wurden folgende vier Methoden ausgewählt und am Dexelbach durchgeführt:

    a.) Ermittlung der Jahres- und Tagesaufstiegszeiten sowie der Steighöhen durch Zählung, Höhenschätzung und fotografische Dokumentation.

    b.) Ermittlung der jahreszeitlichen Aufstiege und Steighöhen mittels markierter Bachforellen.

    c.) Ermittlung der Steigzeiten und Steighöhen mittels Elektro-Befischung.

    d.) Ermittlung der Steigzeiten und Steighöhen durch Versuche mit veränderlicher Abflußsektion und Kolktiefe.

9.3.3 Ermittlung der Jahres- und Tagesaufstiegszeiten sowie der Steighöhen durch Zählung, Höhenschätzung und fotografische Dokumentation

9.3.3.1 Allgemeines

In den folgenden tabellarischen Aufstellungen bedeuten die in Klammer gesetzten Angaben in der Rubrik "Sprunghöhe" jene Höhe, die ein Fisch beim Sprung mit der Kopfspitze (Maul) erreicht hat. Der nachfolgende Wert, der ohne Klammer angeführt wird, ist eben diese Sprunghöhe, um die halbe Fischlänge reduziert. Darunter ist jene Höhe zu verstehen, die einem Absturzbauwerk entsprechen würde, das ein Fisch zu überwinden vermag. Die Kolktiefe in den Tabellen gibt die Tiefe des unmittelbaren Absprungbereiches mit dem ersten Wert an. Die nachfolgende Angabe bezieht sich auf die bachabwärts liegende Kolktiefe, die parallel zur Bachachse im Abstand von 50 cm vom ersten Tiefenwert gemessen wurde. Weitere Tiefenangaben sind möglich.

In der Rubrik "Foto" ist die Negativ Nr. zu entnehmen, falls von einem Sprung ein verwendbares Foto vorhanden ist. Hiebei möchte ich aber darauf hinweisen, daß bei den vorhandenen Fotos der darauf sichtbare Fisch nicht immer am Kulminationspunkt seines Sprunges zu sehen ist.

9.3.3.2 Versuchsablauf am Dexelbach im Jahr 1981

9.3.3.2.1 Grundschwelle (Sperre) 8 (hm 12,45):
Die Überfallshöhe (Ü) dieser Sperre betrug zum Zeitpunkt der Versuchsdurchführung im l.ufr. Bereich der Abflußsektion 1,43 m, in der Mitte 1,45 m und im r.ufr. Teil 1,47 m (Abb. 28). Diese Höhendifferenzen entstehen dadurch, da der Kronenbaum zum l. Ufer hin eine geringfügige Neigung aufweist. Durch das Fehlen der Sohlgurte variiert die Wasserstandshöhe im Kolk zusätzlich.

In den Nachmittagsstunden des 21.8.1981 bemerkte ich während der Markierungsarbeiten bei Sperre 8 eine sehr intensive Steigtätigkeit der Bachforellen, worauf ich die Markierungsarbeiten unterbrach und mich den Beobachtungen der Steighöhen zuwandte.

Die Wasserführung reichte wieder bis zum See, da am Vortag ein Hochwasser mit einem Abfluß von 2,1 m³/sec. als Spitzenwert die vorangegangene Trockenperiode abgelöst hatte. Während des Steigens betrug die Wasserhöhe am Kronenbaum 24 cm. Die Wassertemperatur wurde um 12 Uhr mit 17,5°, die Lufttemperatur mit 16,0° am Polycomb registriert. Anschließend finden sich in der Tab. die beiden höchsten Sprünge, die eindeutig ausgewertet werden konnten.

Tab. 23: Sprunghöhen und Kolktiefen bei Sperre 8 am 21.8.1981

Beschreibung	Sprunghöhe m	Kolktiefe m	Foto
BF ca. 220 mm, dunkel, Kopf etwas über Kronenbaummitte	(1,38) 1,27	0,84 - 1,00	- -
BF, ebenfalls 220 mm, bis knapp unter die Kronenbaummitte	(1,33) 1,22	0,84 - 1,00	- -

Durchschnittlich sprang alle 2,5 Minuten eine Bachforelle.

9.3.3.2.2 Grundschwelle 7 (hm 12,27):

Sie weist eine Überfallshöhe von 0,98 m bis 1,03 m auf und wurde während meiner zufälligen Beobachtung am 21.8. um ca. 15 Uhr von einer BF überwunden. Um 12 Uhr betrug die Wassertemperatur 14,1° und die Lufttemperatur 16,9°C. Die Hochwasserabflußmenge lag am Vortag zwischen 1,9 und 2,2 m³/sec. und die Wasserstandshöhe an der Abflußsektion der Meßsperre bei 43 cm; zum Aufstiegszeitpunkt wurden ca. 1 bis 1,2 m³/sec. Abfluß und eine Wasserhöhe von 24 cm bei der Meßsperre gemessen.

Die Überwindung dieser Grundschwelle ist nur bei ausreichender Wasserführung möglich, da sonst der Wasserstrahl beim Überfall am zweiten Querbaum unter der Abflußsektion aufschlägt.

	Sprunghöhe m	Kolktiefe m	Foto
BF (220) über Sperre im Wasserstrahl	1,03	0,97 - 1,05	- -

9.3.3.3 Versuchsablauf am Dexelbach im Jahr 1982

9.3.3.3.1 Grundschwelle 10 (hm 12,75):

Die ersten Aufstiegsversuche wurden am 20.10.1982 bei dieser Grundschwelle festgestellt. Während der Vormonate hatte große Trockenheit geherrscht, sodaß ein Aufstieg zu einem früheren Zeitpunkt unmöglich gewesen wäre. Erst der Niederschlag vom 19. auf den 20. Oktober brachte die notwendige Wassermenge, die für das Überwinden der Grundschwelle 10 hätte ausreichen können, für Sperre 8 (hm 12,45) dagegen war die Wassermenge noch viel zu gering.

Der Überfall bei Grundschwelle 10 betrug 73 cm, die Anströmgeschwindigkeit vor dem Kronenbaum lag bei nur 22 cm/sec.; die Anströmhöhe am Kronenscheitel betrug 2,8 und beim Abrißpunkt des Wasserstrahles 2,2 cm. Am 18.10. wurde eine Schüttung von 0,027 m³/sec. gemessen. Durch die Niederschläge vom 19. auf den 20.10. erfolgte ein geringfügiger Anstieg des Wasserabflusses auf 0,031 m³/sec. am 20.10., wodurch eine intensive Steigtätigkeit ausgelöst wurde. Als am nächsten Tag die Schüttung wieder auf 0,024 m³/sec. abfiel, war das Steigen beendet. Anschließend in Tab. 24 die Wasser- und Lufttemperaturen für diesen Zeitabschnitt.

Tab. 24: Wasser- und Lufttemperaturen zwischen 18.10. und 22.10.1982.

Datum	Zeit	Wassertemperatur	Lufttemperatur
18.10.	12 Uhr:	8,2°	9,8°
19.10.	"	8,9°	10,2°
20.10.	"	Ausfall des Polycomb	
21.10.	"	8,8°	9,0°
22.10.	" interp.W.	9,0°	11,5°
20.10. Zeitabschnitt $15^{50} - 16^{05}$:			

Während dieser Zeit fanden 9 Steigversuche statt (alle 1,7 Minuten). Bei zwei Sprüngen wurde die Kronenbaummitte von einer dunklen BF 230 mm erreicht. Dabei hatte es den Anschein, als ob der Wasserfaden am Kronenbaum zu wenig hoch für den Aufstieg gewesen wäre. Der Sprung fand 8 mal an derselben Stelle, 7 mal davon im Wasserstrahl statt. Der 9. Sprung erfolgte knapp neben dem Strahl. Der benützte Wasserstrahl befand sich im 1. Teil der Abflußsektion, 80 cm vom 1. Sperrenflügel entfernt.

	Sprunghöhe m	Kolktiefe m	Foto
BF 230 mm, dunkel, l.ufr.			
Wasserstrahl, Kronenbaummitte	(0,57) 0,45	0,58 - 0,72	- -
" "	(0,57) 0,45	0,58 - 0,72	- -

Auf den Fotos (schw.-w.) sind die steigenden BF nicht zu sehen.
20.10. Zeitabschnitt 16^{05} - 16^{30}:
Es fanden 6 Steigversuche statt (max. 40 cm Höhe), davon mehr beim r. Teil der Grundschwelle. Von den letzteren glichen einige nur einem Auftauchen mit dem Kopf außerhalb des Wasserstrahles. Dies wirkte so, als ob die Bachforelle, die vermutlich immer dieselbe war, sich orientieren oder einen entsprechenden Wasserstrahl für den nächsten Steigversuch ausfindig machen wollte. Alle 2,5 Minuten erfolgte ein Steigversuch.

9.3.3.3.2 Lichtenbuchinger Graben:
Am 1.11. wurden im Lichtenbuchinger Graben, einem r.ufr. Zubringer des Dexelbaches, ca. 50 m unterhalb der 2. Güterwegbrücke über diesen Graben, 2 Bachforellen (200 u. 220 mm) in einem kleinen Gumpen von 40 x 30 cm beobachet, die mehrmals versuchten, aus dieser Seichtwasserstelle von 5 - 7 cm Tiefe über einen querliegenden und nur leicht überronnenen Stein aufzusteigen. Nach 6 bzw. 7 Versuchen gelang den beiden Bachforellen in einem von ihnen erzeugten Wasserschwall der Aufstieg. Die Fotos sind nicht verwertbar. Diese Laichwanderung ist die höchstgelegene im Dexelbach, die von mir beobachtet werden konnte. Der Aufstiegsort lag bei hm 5,10 des Lichtenbuchinger Grabens und der darüber liegende Laichplatz bei hm 7,10. Dies war der höchst gelegene Laichplatz, der bis jetzt am Dexelbach festgestellt werden konnte. Die Abfluß-

menge betrug in diesem Bachabschnitt, in dem der Dexelbach
(Lichtenbuchinger Graben) schon zu einem bescheidenen Rinnsal
zusammengeschrumpft ist, bei normaler Mittelwasserführung ca.
5 l/sec. (Temp. 7°C).
Weitere Steigversuche und bachaufwärtsführende Migrationen
konnten 1982 am Dexelbach und seinen Zuflüssen nicht festgestellt werden.

9.3.3.4 Beobachtung des Laichaufstieges im Stockwinkler Bach 1982

Dieser Bach ist wesentlich kleiner als der Dexelbach, liegt
südlich von diesem und weist keinen so starken Wildbachcharakter auf. Der Abschluß des Unterlaufes ist zum Zweck des
Geschiebetransportes unter der Bundesstraßenbrücke mit einer
gemauerten Künette versehen, die bachaufwärts mit einer Sinoidalschwelle abschließt. Diese Künette hat eine Länge von 135 m
und ist ohne Schwelle oder Raststrecke ausgeführt.
Im August 1982 beobachtete ich mehrere Tage lang drei Bachforellen, die unter der erwähnten Sinoidalschwelle auf ein Ansteigen des Wasserstandes warten mußten, um sie überwinden zu
können. Sie hatten ihre Einstände in ausgewaschenen Fugen,
die teilweise sogar quer zur Strömungsrichtung lagen, oder
über einer durch Abrieb der Sohlenpflasterung entstandenen Eintiefung in der Strömungsrinne. Wurden sie verscheucht, flohen
sie bachabwärts, hatten jedoch nach 1 bis 2 Stunden wieder
ihren alten Einstand aufgesucht. Am 11.8. stieg der Abfluß
kurzfristig an, und die Bachforellen konnten die Sinoidalschwelle überwinden. Die in diesem Abschnitt aufsteigenden
Bachforellen hatten eine Größe zwischen 160 bis 220 mm. Ähnliche Beobachtungen liegen aus früheren Jahren vor. Einige
Jahre vorher wurde eine Regenbogenforelle kurz vor dem Aufstieg gesichtet und anschließend in dem darüberliegenden
Sperrenkolk gefangen. Die 135 m lange Künette weist ein Sohlengefälle von 2,2 % auf, und die Sinoidalschwelle ist ohne Kolk.

	Sohlengefälle	Ü d. Sinoidalschw.
3 BF u. 1 RB (160-240 mm) schw.	2,2 %	1 m

9.3.3.5 Versuchsablauf am Dexelbach im Jahr 1983

9.3.3.5.1 Grundschwelle (Sperre) 8 (hm 12,45):
Die extreme Trockenheit des Sommers 1983 (Jahrhundertsommer) zog sich über den Herbst bis in den Frühwinter hinein. Sie führte zu einem mehrmaligen Trockenfallen der Sperrenkolke 2 (hm 11,72) bis 5 (hm 12,03); die Kolke 1 (hm 11,55) und 6 (hm 12,14) waren knapp vor dem Austrocknen bzw. vor dem Ausfrieren. Dadurch war die Aufstiegsmöglichkeit der Laichfische über höhere Grundschwellen bis auf wenige Tage fast vollkommen unterbunden, bedingt durch kurze und wenig ergiebige Niederschläge. Laut Monatsübersicht der Witterung in Österreich, herausgegeben von der Zentralanstalt für Meteorologie und Geodynamik, waren die Niederschläge im Juli unterdurchschnittlich, im August lagen sie 75 % unter dem langjährigen Durchschnitt; im September gab es wieder unterdurchschnittliche Niederschlagswerte, im Oktober lagen sie 70 % und im November sogar 50 % unter dem langjährigen Durchschnitt, bezogen auf das Voralpengebiet.

In der nachfolgenden Tabelle sind Abflußmessungen aus dem Jahre 1983 angeführt, die sich über den Zeitraum erstreckten, der nach dem Biorhythmus der Bachforellen für ein Aufsteigen im Zuge der Laichwanderungen in Frage käme.

Tab. 25: Vergleich von Abflußwerten 1983

	Abfluß m³/sec. bei Sp.12 (hm 13,68)
30.6.: trotz starker Wasserführung kein Steigen, da nach Biorhythmus noch zu früh	0,10
19.7.: starke Trockenheit	0,015
29.7.: Regenfälle vom 28./29. bewirkten erstmals wieder ein nennenswertes Ansteigen der Wasserführung, jedoch kein Aufstiegsversuch.	0,051
Ab Ende Juli neuerlich extreme Trockenheit	0,015 - 0,010
1. bis 5.8. geringe Niederschläge, die sich zum 7.8. verstärkten, aber trotz der bereits günstigen Abflußwerte noch kein Steigen veursachten.	0,32
Zwischen 10. und 13.8. gab es geringe Niederschläge; Abfluß im Stockwinkler Bach noch so	

gering, daß BF die Sinoidalschwelle von 1 m
Höhe nicht überwanden; keine Messungen   -,--
11.9.: Niederschläge führen nur zu einem
schwachen Überrinnen der bereits trocken ge-
legenen Absturzbauwerke, Wasserführung wieder
bis zur Bundesstraße   0,021
25.9.: starker Gewitterregen hob den Abfluß an
und brachte die BF zum Steigen   0,32
9.10.: starke Regenfälle um 6 Uhr morgen,
Steigen der BF   0,040 - 0,120
10.10.: Steigversuche Sp. 8, Abflußm. nach
dem Ende des Steigens bei fallendem Wasserst.   0,19

Aus diesen Abflußmessungen der Sperre 12 (hm 13,68), die sich
über einen Gesamtzeitraum von drei Jahren erstreckten, und
den diesbezüglichen Beobachtungen über das Aufsteigen konnte
folgender grober Richtwert erarbeitet werden:
Das Steigen der Bachforellen beginnt am Dexelbach zwischen
den Abflußmengen von 0,025 m³/sec. und 0,030 m³/sec., gemessen bei der Meßsperre.
25.9. Zeitabschnitt 15^{45} - 16^{00} bei Sperre 8 (hm 12,45):
3 Versuche einer ca. 180 mm langen BF konnten beobachtet werden, die zuerst im r.ufr. Bereich der Sperre, dann im mittleren und zuletzt im l.ufr. Teil stattfanden. Die Überfallshöhe
der Sperre 8 (hm 12,45) betrug in der Achsenmitte 1,45 m zum
Untersuchungszeitpunkt (Abb. 25). Die Wassertemperatur wurde
um 11 Uhr mit 12,1°, die Lufttemperatur mit 12,7° gemessen.
Der Abfluß stieg nach dem schweren Nachtgewitter auf 0,32 m³/
sec. an, die Wassertiefe betrug 15,2 cm auf der Abflußsektion
von Sperre 12 (hm 13,68) und die Anströmgeschwindigkeit 0,73 m/
sec.

	Sprunghöhe m	Kolktiefe m	Foto	
BF 180 mm, drei Versuche, beim höchsten 2/3 der Ü-Höhe	(0,97) 0,88	0,96	0,98	- -
	0,80	0,96	0,98	
	0,80	0,96	0,98	

Die Sprungintervalle betrugen 5 Minuten. Wegen der starken Wasserführung und der Trübung mußten die weiteren Beobachtungen frühzeitig abgebrochen werden.

9.10. Zeitabschnitt $11^{30} - 12^{30}$ bei Sperre 8 (hm 12,45):
Seit 6 Uhr morgen starke Regenfälle, die die vorangegangene Trockenheit ablösten, um 11^{20} war der Dexelbach im Bereich der Bundesstraßenbrücke noch trocken, um 12^{40} floß er bereits durchgehend. Abfluß von 0,045 m³/sec. rasch ansteigend. Während dieser Zeit fand kein Aufstiegsversuch statt.

9.10. Zeitabschnitt $15^{00} - 16^{30}$ bei Sperre 8 (hm 12,45):
Lufttemperatur um 14^{30} 8,9°C, um 17^{30} 7,4°C; regnerisch, trüb;
Wassertemperaturen in °C:

Lichtenb. Gr. oberer Teil	10,8°	Sperre 12 hm 13,68	10,4°
r. Zubringer	10,4°	Dexelb. B 151 hm 3,47	10,7°
l. Zubringer	9,2°	Dexelb. Münd. hm 0,00	10,9°
Dexelb. Güterwegbr. hm 26,82	9,0°	Seeoberfläche	15,7°

Der Abfluß stieg auf 0,120 m³/sec. an, die Wassertiefe im Vergleich in der Abflußsektion von Sperre 12 betrug 6 cm, bei Sperre 8 ca. 10 bis 12 cm; die Anströmgeschwindigkeit betrug 0,72 m/sec. bei Sperre 8 (1. Teil), 0,66 m/sec. bei Sperre 12.

Foto 20: Sp. 8 mit steigender Bachforelle

Tab. 26: Zeitliche Übersicht der Sprungversuche und Angaben
über Sprunghöhe und Kolktiefe bei Sperre 8.

	Sprunghöhe m	Kolktiefe m	Foto
15^{01}: BF 270 erreicht im r.ufr. Strahl halbe Höhe	(0,75) 0,62	0,77 - 0,97	- -
15^{09}: BF 220 im l.ufr. Strahl bis halbe Höhe	(0,71) 0,59	0,86 - 1,02	Nr. 3
15^{12}: BF 240 am Rand des mittl. Wasserstrahls	(0,94) 0,82	0,87 - 0,98	Nr. 7
15^{18}: BF 190 Randbereich mittl. Strahl, 1/3 Höhe	(0,48) 0,39	0,87 - 0,98	Nr. 8
15^{24}: BF 240 neben l.ufr. Strahl bis 3/4 Höhe	(1,07) 0,95	0,86 - 1,00	Nr. 11
15^{34}: BF 220 Mitte der Abflußsektion, außerhalb des Strahls, "Orientierungssprung", schon beim Zurückfallen am Foto, 1/2 Höhe	(0,73) 0,61	0,80 - 0,97	Nr. 12
15^{41}: BF 180-200, erreichte in der Mitte bei schwachem Strahl die halbe Höhe	(0,73) 0,63	0,77 - 0,97	- -
15^{45}: BF 200 beim r. Strahl nur Kopf herausgestreckt, "Orientierungsversuch"	- - - -	0,77 - 0,92	- -
15^{48}: BF 240 in der Mitte der Abflußsektion die halbe Höhe, dann aus dem Strahl hinausgefallen und noch etwas höher gesprungen.	(0,75) 0,63	0,77 - 0,97	Nr. 14
15^{56}: BF 180-200 ganz im r. Teil des Kolkes nur Kopf aus Wasser, "Orientierungsversuch"	- - - -	0,38 - 0,39	- -
15^{58}: BF 220 in der Mitte der Abflußsektion, außerhalb des Strahls, trotzdem 60 % d. Ü.	(0,87) 0,75	0,80 - 0,97	Nr. 16
16^{04}: BF 220 stieg am mittl. Strahl auf 3/4 d. Ü-Höhe	(1,09) 0,97	0,87 - 0,98	- -
16^{14}: BF 220 zwischen d. beiden gr. Strahlen, freier Sprung	(0,65) 0,54	0,86 - 1,00	- -
16^{27}: BF 220 außerhalb d. r.ufr. Strahls, 1/3 d. Ü-Höhe	(0,47) 0,36	0,77 - 0,97	- -

16^{30}: Abbruch der Beobachtungen wegen Dunkelheit und starken Regens.
In 1,5 Stunden wurden 14 Sprünge gezählt, alle 6,4 Minuten ein Sprung.

10.10. Zeitabschnitt $11^{30} - 12^{30}$, Sperre 8:
Wassertemperatur Meßsperre 10,9°, Lufttemperatur 13,6° um 12^{30}.
Der Abfluß betrug 0,19 m³/sec., die Wassertiefe bei der Meßsperre 7,5 cm und die Anströmgeschwindigkeit 0,92 m/sec. Bei
Umrechnung auf Sperre 8 ergibt dies 13,8 cm Wassertiefe und
0,84 m/sec. Anströmgeschwindigkeit.
2 BF sprangen 40 cm vor dem Wasserstrahl und ca. 1,5 m vom 1.
Flügel, den höchsten Punkt erreichten sie 30 cm vor dem Überfall.

	Sprunghöhe m	Kolktiefe m	Foto
BF 220, freier Sprung	(0,63) 0,52	0,80 - 0,97	- -
" " "	(0,60) 0,49	0,80 - 0,97	- -

Zeitabschnitt $12^{30} - 13^{00}$, Sperre 8:
Während dieser Zeit wurde kein Aufstieg festgestellt.
16.10. Zeitabschnitt $15^{25} - 16^{00}$ bei Sperre 8:
Wassertemp. 7,9°, Lufttemp. 9,7°, Abfl. 0,041 m³/sec., kein
Steigen.

9.3.3.6 Beobachtung des Laichaufstieges im Stockwinkler Bach 1983

In der zweiten und Anfang der dritten Dekade des Monats August
wurden wieder unterhalb der bereits erwähnten Sinoidalschwelle
3 Bachforellen gesichtet, die für ihren Laichaufstieg auf eine
Wasserzunahme warteten, um diese 1,0 m hohe Schwelle zu überwinden. 1 BF 200 hatte während dieser Wartezeit ihren Einstand
1m unter der Sinoidalschwelle in der Mulde eines ausgeschliffenen
Sohlsteines der Künette. Die zweite Bachforelle mit 180 mm
stand 5 m darunter in einer quer zur Strömungsrichtung ver-
laufenden Fuge, die durch Auswaschung etwas vertieft war, oder
sie stand direkt neben der größeren. Vom ersten Einstand konnten mehrere Fotos gemacht werden, vom zweiten hingegen keine,
da er unter der Bundesstraßenbrücke lag und daher die Licht-
verhältnisse nicht ausreichend waren. Etwas unterhalb dieser
Brücke hatte die dritte Bachforelle ihren Einstand, der wieder
in einer durch Geschiebeabrieb entstandenen Mulde lag. Sie war
ca. 180 mm lang. Sie war so scheu, daß Aufnahmen nicht möglich

waren, da sie immer sehr weit bachabwärts floh und erst nach
Stunden wieder an ihrem ursprünglichen Standplatz war.
Nach den Regenfällen vom 27. August waren alle drei Bachforellen verschwunden, das heißt vermutlich aufgestiegen.

9.3.3.7 Zusammenfassung und Diskussion der Ergebnisse

Die Untersuchungen über den Beginn der Laichwanderungen während der Jahre 1981 und 1983 am Dexel- und Stockwinkler Bach
brachten sehr unterschiedliche Ergebnisse. Die jahreszeitlich
früheste Wanderung wurde bereits am 21.7.1981 festgestellt.
Zu diesem Zeitpunkt überwand eine Bachforelle die 1,05 m hohe
Grundschwelle Nr. 7 um 15 Uhr bei einer Abflußmenge von ca.
2 m³. Sie sprang bzw. schwamm im Überfallwasser hoch, das zu
diesem Zeitpunkt 24 cm tief war. Die Wassertemperatur betrug
14,1°C. Bei dieser Migration könnte es sich auch um eine Kompensationswanderung gehandelt haben, da sie für den Dexelbach
sehr zeitig stattfand und ein mittleres Hochwasser am Vortag
mit einer Abflußmenge zwischen 1,9 bis 2,2 m³/sec., einer Wassergeschwindigkeit v_m = 1,23 m/sec. und einer Wassertiefe von
43 cm, bei der Meßsperre gemessen, eine Abdrift bewirkt haben
könnte. Zum Aufstiegszeitpunkt war die Abflußmenge bereits
wieder auf rund 1 m³/sec. abgesunken, und die Wassertiefe bei
der Meßsperre betrug nur mehr 24 cm.

Wenn nun diese erste Migration als Kompensationswanderung eingestuft würde, so wäre die zeitlich nächste Wanderung im Dexelbach jene am 21.8. und für den Stockwinkler Bach bereits jene
am 11.8. 1972 wurden zufällig zwei sehr zeitige Laichwanderungen im Unterlauf des Dexelbaches, etwa bei hm 9, am 6. und
11.8. festgestellt. In den Jahren 1982 und 1983 setzten, durch
die geringen Wasserstände bedingt, die Laichwanderungen erst
abnormal spät ein. Für 1982 um den 20.10. und 1983 am 9.10.

Da die Beobachtungen der drei letzten Jahre für den Beginn
des Laichaufstieges zu wenig stichhaltig sind, muß auf frühere
Angaben zurückgegriffen werden. Somit kann zusammenfassend gesagt werden, daß bei Normalwasserständen die Laichwanderungen
in beiden Bächen ab der mittleren Augustdekade beginnen (vgl.

7.1.2).
Die letzte Wanderung im Jahr wurde am 1.11.1982 bei hm 5,1 des Lichtenbuchinger Grabens festgestellt. Hier kämpften sich zwei Bachforellen über die Flachwasserstellen im Oberlauf bachaufwärts, während bei hm 7,1 das Laichen bereits dem Ende zuging.

Die Wassertemperaturen während der verschiedenen Laichaufstiege betrugen im Mittel 11,2°C am Dexel- und 14,0°C am Stockwinkler Bach.

Diese Werte zeigen, daß das Aufstiegsverhalten der Bachforelle im Dexel- und Stockwinkler Bach in keiner Weise mit einem Abfallen der Wassertemperatur und schon gar nicht auf das Absinken dieser auf 7°C, sondern in erster Linie von der Abflußmenge abhängig ist. Bei großen Flüssen dagegen stellte ROSENGARTEN (1953) fest, daß das Fallen und Steigen der Wassertemperatur ein Hauptfaktor der Laichwanderung ist, allerdings hauptsächlich für Cypriniden. Im Dexel- und Stockwinkler Bach stehen die laichwilligen Forellen tage- und wochenlang in einem Sperrenkolk und können wegen des zu geringen Wasserüberfalles nicht aufsteigen. Beim ersten Anstieg des Abflusses beginnen sie sofort mit dem Aufstieg.

Den Wasserstandsschwankungen von Tieflandflüssen schenkten ROSENGARTEN (1957), SCHMASSMANN (1929) und andere jedoch bezüglich des Fischaufstieges keine Bedeutung. Bei großen Flüssen ist aber auch die Wasserführung kaum jemals so gering, daß sie zu einem begrenzenden Faktor werden könnte wie dies bei Kleingewässern der Fall ist.

Ob nun die Jahres- und Tagesaufstiegszeiten auch mit der Abnahme der Tageslänge oder mit anderen Lichtreizen in Zusammenhang stehen, konnte bis jetzt nicht geklärt werden.

Im Dexelbach wurde festgestellt, daß die Intensität des Tagesaufstieges der Bachforellen nicht während der Mittagsstunden am stärksten ist, wie dies von ROSENGARTEN (1957) für Frühjahrslaicher am Moselfischpaß behauptet wurde, sondern in den Nachmittagsstunden die größte Aufstiegsintensität zwischen 15^{00} und 16^{00} festzustellen war. Die Auswertung des Temperaturdiagrammes zwischen 18. und 24.10.1982 zeigte deutlich, daß während dieser Tage von 13^{30} bis 16^{00} Uhr die Wassertemperatur ihr Tagesmaximum erreicht. Sie lag innerhalb dieser Zeitspanne um 1° bis fast 2°C höher als am späten Vormittag. Am 20.10. konnte eine intensive Steigtätigkeit ab 15^{50} beobachtet werden (vgl. 9.3.3.3.1). Hier zeigt sich für den Dexelbach bei der Tagesintensität des Aufstieges eher ein Zusammenhang mit der Zunahme der Wassertemperatur als mit der Lichtintensität, die nach ROSENGARTEN (1957) den Faktor der Wassertemperatur verdrängen soll (Cypriniden). Am Dexelbach liegt die Hauptaufstiegsintensität auch bei trübem Wetter während des Tages ganz eindeutig in den Nachmittagstunden. Ob nun das Zusammentreffen mit dem Wassertemperaturmaximum zum selben Zeitpunkt ein zufälliges ist, müßte noch über mehrere Aufstiegsperioden geprüft werden.

Bei der Beobachtung der Abflußwerte zeigt sich, daß ein Fischaufstieg am Dexelbach an eine Mindestwassermenge von 0,03 m³/sec. gebunden ist. Unter diesem Wert war nicht einmal der Versuch eines freien Sprunges zu bemerken. Bei dieser Wassermenge wäre auch jeder einzelne Wasserstrahl in seinem Umfang für eine springend-schwimmende Aufwärtsbewegung zu klein. Die Mindestwassermenge von 0,03 m³/sec. reicht auch nur für das Überwinden niedriger Sohlschwellen bei einer Kronenbreite von 3,50 - 3,70 m. Zur Überwindung von höheren Bauwerken, etwa ab 70 bis 80 cm Höhe, sollte die Wasserhöhe an der Sperrenkrone von 5 cm aufwärts betragen.

Die Anströmgeschwindigkeit an der Krone betrug bei Sprunghöhen über einen Meter etwa 1,2 m/sec., bei Sprunghöhen im Bereich von 50 bis 80 cm Höhe 70 bis 90 cm/sec.; bei noch niedrigeren Bauwerken wurden Anströmgeschwindigkeiten von 20 bis 30 cm/sec. gemessen.

Die Bauwerkshöhen, die im Rahmen dieser Untersuchungen von Bachforellen überwunden wurden, betrugen bei springend-schwimmender Fortbewegung im Mittel 0,98 m, bei freien Sprüngen 0,56 m und bei der rein schwimmenden Fortbewegungsart 1,00 m. Für letztere Art war leider kein höheres Bauwerk für die Versuche vorhanden. Die Grundschwelle 7 (hm 12,27) mit einer

Überfallshöhe von 1,03 bis 1,05 m wurde überwunden, wie Beobachtungen bestätigten. Der bei Sperre Nr. 8 (hm 12,45) höchste Sprung, der nach der Verringerung der Sprunghöhe um die halbe Fischlänge theoretisch zur Überwindung einer Sprrre geführt hätte, betrug 1,27 m (vgl. 9.3.3.1). Bei diesem Sprung erreichte die Bachforelle mit einer Schnauzenspitze eine Höhe von 1,38 m. Um Aussagen machen zu können, ob Querwerke von Fischen überwunden werden können, ist es unbedingt notwendig, die Kolktiefe zu beachten. Denn je größer die Kolktiefe, umso höher ist der Sprung.

Bei der springend-schwimmenden Fortbewegungsart betrugen die Kolktiefen im Absprungbereich im Mittel 0,83 - 0,96; im freien Sprung 0,80 - 0,97 und bei der rein schwimmenden Aufstiegsart war kein Kolk für den Aufstiegsstart erforderlich.

Die Messungen ergaben, daß die Kolktiefe bei Sperre 8 im unmittelbaren Absprungbereich (20 cm von der Luftseite) bei diesem Versuch um 15 % kleiner sein konnte als die Überfallshöhe, bachabwärts im Abstand von 70 cm bis zur Sperre jedoch nur mehr um 2 %, das waren in diesem Fall 2 cm. Beim freien Sprung war die Kolktiefe von Sperre 8 in keine Relation zu ihrer Überfallshöhe zu setzen, da der Nachweis nicht erbracht werden konnte, ob die vorhandene Kolktiefe von 80 cm für die Sprunghöhen von nur 56 cm notwendig gewesen ist.

9.3.4 Ermittlung des jahreszeitlichen Aufstiegs und der Steighöhen mittels markierter Bachforellen

9.3.4.1 Methodik

Im Zeitraum vom 24.7.1981 bis 18.11.1982 wurden im Dexelbach insgesamt 300 Stück Bachforellen, 30 Regenbogenforellen und 15 Bachsaiblinge mit Hilfe der E-Befischung oder mit der Fliege gefangen, an Ort und Stelle gemessen, gewogen und nach dem System der Farbmarkierung nach MERWALD mit Hilfe der Panjet-Pistole markiert (vgl. 8.3.2) sowie an der Entnahmestelle wieder ausgesetzt.

Die Daten dieser markierten Fische fanden in Karteiblättern

Aufnahme, worin auch die jeweilige Aussetzungsstelle in hm angeführt ist. Alle Wiederfänge, die bis zum Sommer 1984 gemacht wurden, sind in diese Karteiblätter eingetragen.

Besonders interessante Ergebnisse über das Wanderverhalten einzelner Bachforellen brachte die E-Befischung von 1983, da zahlreiche markierte Exemplare wieder gefangen werden konnten.

Bei einigen Exemplaren war es dann auf Grund mehrerer Wiederfänge sogar möglich, ihre genaue Wanderung zu verfolgen. Von den Sperren, die sie übersprungen hatten, wurden die Überfallshöhen ermittelt und somit der Nachweis über jene Werkshöhe erbracht, die von Bachforellen unter den entsprechenden Voraussetzungen noch übersprungen werden kann.

9.3.4.2 Ergebnisse

Von den zwischen 24.7.1981 bis 18.11.1982 markierten 300 Bachforellen konnten insgesamt 159 Exemplare mit Hilfe verschiedenster Fangmethoden wieder gefangen (manche sogar mehrmals) und eindeutig identifiziert werden. Bei der E-Befischung von 1983 wurden 80 Bachforellen wieder gefangen. Einige davon, wie zum Beispiel Nr. 43 und 163 wurden sogar viermal, 30 Exemplare 2 x gefangen.

Von den 159 Wiederfängen der Bachforellen sind 40 Exemplare bachaufwärts gewandert, 28 davon überwanden 50 von der Wildbachverbauung errichtete Querwerke sowie 10 natürliche Abstürze, während der Rest auf Abwanderungen, Abdriftungen (55) oder auf standortstreue Exemplare (64) fiel.

Von den 40 bachaufwärts gewanderten Bachforellen stiegen 33 nur auf, 7 Exemplare wanderten auch wieder abwärts, während 28 Fische über künstliche und natürliche Querwerke wanderten, 12 Exemplare dagegen nur auf Flachstrecken.

Bei den 50 gefundenen Aufstiegen über künstliche Querwerke wurde eine durchschnittliche Überfallshöhe dieser von 0,91 m und für natürliche Abstürze und Kaskaden von 0,80 m ermittelt.

Die höchste Sperre, die überwunden wurde, war Sperre 8 (hm 12,45) mit 1,45 m Überfallshöhe. Sie wurde ebenso wie die nächst höchste Sperre (Nr. 34 bei hm 23,31), deren Überfall

1,35 m hoch war, zweimal übersprungen. Von den natürlichen
Überfällen wurde eine Höhe von 1,1 m noch bezwungen. Da der
Zeitpunkt des Aufstieges nicht bekannt ist, kann freilich
nicht festgestellt werden, welche tatsächliche Höhendifferenz
überwunden wurde.

Die längste Bachaufwärtswanderung einer Bachforelle ohne Überwindung eines Querwerkes war 330 m (BF 4), die zweitlängste
320 m (BF 5) lang, gefolgt von einer 205 m langen durch BF 9.
Alle 3 Laichwanderungen fanden im Unterlauf statt. Die längste
kombinierte Wanderung (Strecke und Querwerk) wurde von der
Bachforelle (BF 138) mit 154 m Länge und der Überwindung von
6 Querwerken durchgeführt. Dabei übersprang sie Sperre 8
(hm 12,45) mit einer Überfallshöhe von 1,48 m (K_{F6}=0,91 am
Ende der Wanderung). Die durchschnittliche Wanderlänge für
diese 40 aufsteigenden Bachforellen war 62 m.

Die Aufstiege über die natürlichen Hindernisse erfordern meist
weniger Sprungkraft als jene über die künstlichen. Die naturbedingten Abstürze sind bei größeren Höhenunterschieden meist
mehrfach abgesetzt und haben keinen senkrechten Überfall, sondern einen geneigten, der zwischen 1:4 bis 1:2 schwankt.
Durch die Neigungsverhältnisse der Überfälle sind diese überströmt; der Wasserfaden hebt sich nicht ab, und die Überfälle
werden von den Fischen überschwommen. Diese Aufstiegsart ist
auch notwendig, da selten tiefe Kolke für einen hohen Absprung vorhanden sind. Das abstürzende Wasser fällt fast immer sehr stark konzentriert über und begünstigt somit den
Aufstieg. Viele extrem hohe Abstürze können von den Bachforellen umgangen werden, zumindest dann, wenn nach dem Hochwasser
noch genügend Abfluß in den verschiedenen Seitenrinnen fließt.
So sorgt die Natur für den ungehinderten bzw. gerade noch
möglichen Aufstieg der Bachforellen, meist bis in die Quellgebiete der Bäche.

Bei den Regenbogenforellen konnte nur eine bachaufwärts gerichtete Wanderung festgestellt werden (RB 2). Sie wanderte
über Sperre 9 (Ü=0,60) und Sperre 10 (Ü=0,70), ihre Wanderlänge betrug 108 m. Die Regenbogenforellen RB 5, RB 18, RB 19

und RB 21 waren standortstreu.

Bei den Bachsaiblingen wurden von BS 6, BS 10 und BS 8 nur kurze bachaufwärtsgerichtete Wanderungen registriert, die 30 m Länge nicht überschritten. Als interessantes Ergebnis konnte aber gefunden werden, daß alle drei Exemplare in keine Kolke oder größere Gumpen einwanderten, sondern im tieferen Freiwasser ihren Einstand wählten. Nur zur Laichzeit standen sie dann alle drei an einem Gumpenauslauf.

Wie die Auswertungen zeigten, brachten Absturzbauwerke mit Höhen bis knapp einen Meter bei ausreichender Kolktiefe keine größeren Schwierigkeiten für den Aufstieg der Laichfische, da sie ja von vielen Exemplaren überwunden worden waren. Überfallshöhen, die jener von Sperre 7 mit 1,05 entsprachen, wurden bereits viel weniger häufig übersprungen. Dies dürfte aber nicht nur in der Sprungkraft der Bachforellen zu suchen sein, sondern auch in den sehr niedrigen Abflußwerten der letzten Jahre zum Zeitpunkt der Laichwanderung.

9.3.4.3 Zusammenfassung und Diskussion der Ergebnisse

Die mit Hilfe der markierten Bachforellen ermittelten Sprunghöhen mit durchschnittlich 0,91 m, liegen sehr ähnlich jenem Durchschnittswert von Kap. 9.3.3 mit 0,98 m, die maximale Höhe betrug ebenfalls 1,45 m. Die Kolktiefe lag im 20 cm Abstand von der Luftseite bei Sperre 8 (hm 12,45) zwischen 0,87 und 0,77 m, in 70 cm Abstand zwischen 0,97 und 1,02 m. Diese Werte wurden alle von der Kronenmitte bis zum l.ufr. Kronenbereich gemessen, da wegen der Kolktiefe nur dieser Abschnitt in Frage kam. Im r.ufr. Sperrenkolkbereich lag die Wassertiefe nur zwischen 0,36 und 0,60 m, bedingt durch einen Wurfstein, der bis unter den Schwerboden reicht. Überdies war der Überfall hier merklich geringer, besonders bei kleinen Abflußmengen, da der Kronenbaum eine Neigung von 1,14 % zur l.ufr. Seite hin aufweist und diese daher bei Niederwasserführung, die meist zur Zeit des Laichaufstieges vorliegt, die meisten Steigversuche brachte.

Die Kolktiefe im unmittelbaren Absprungbereich bei Sperre 8 betrug maximal 0,87 m, bzw. 60 % der Überfallshöhe. Im Startbereich, ungefähr im 70 cm Abstand von der Luftseite der Sperre, erreichten die Kolktiefen Werte zwischen 68 und 70 % der Überfallshöhe im effektiven Absprungbereich.

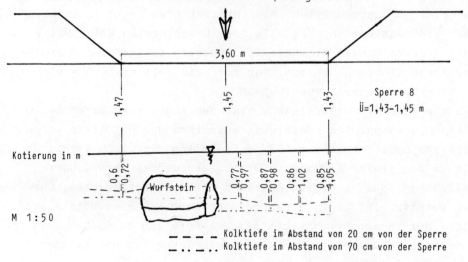

Abb. 28: Überfalls- und Kolktiefenverhältnisse bei Sp.8 (hm 12,45)

Die Kolktiefen bei Sperre 34 (hm 23,21), der zweithöchsten die überwunden wurde, variieren dauernd so stark, daß sie für eine Auswertung nicht verwendet werden konnten. Sie lagen aber tiefenmäßig immer weit unter jenen von Sperre 8. Im Jahr 1984 wurde hier sogar nur eine Kolktiefe von 40 cm gemessen. Gegenüber Sperre 8 hatte sie aber bezüglich des Fischaufstieges den Vorteil, daß ihr Überfallswasser sehr konzentriert überfiel, da der eine Kronenstein an der Vorderseite der Sperre ausgebrochen war. Dadurch war während der Trockenzeiten eine sehr günstige Aufstiegsmöglichkeit gegeben. Bei hm 22,90, unterhalb von Sperre Nr. 34, wurden von 2 Bachforellen 2 natürliche Kaskadenabstürze mit 0,75 und 1,10 m Höhe trotz der geringen Kolktiefe von nur rund 0,5 m, jedoch bei sehr konzentriertem Überfall überwunden. Die in diesem Kapitel ermittelten Aufstiegshöhen der Bachforellen wurden für die Fischlängen - Sprunghöhen Tabelle (Tab. 28) in Kap. 9.6 verwendet.

9.3.5 Ermittlung der Steigzeiten und Steighöhen
      mittels Elektro-Befischung

9.3.5.1 Methodik

Mit Hilfe der E-Befischung ist es möglich, durch zwei verschiedene Abfischungen innerhalb kürzerer Zeit die Fischpopulation in einem Sperrenkolk sowohl an Hand von markierten als auch unmarkierten Bachforellen festzustellen.

Ist aus unvorhersehbaren Gründen nur eine E-Befischung im Endzeitpunkt des Steigens möglich, so können hieraus ebenso gewichtige Rückschlüsse über die Fischpopulation in einem Sperrenkolk geschlossen werden, wenn frühere E-Befischungen vorliegen. Dies trifft für den Dexelbach zu, denn hier lassen sich beispielsweise die Gesamtbefischungen aus 1980 und 1983 als Vergleichsmöglichkeit heranziehen.

Foto 21: Sperre 8 (hm 12,45) mit verengter Abflußbreite für den Fischaufstieg (Kap. 9.3.6) und E-Befischung des Kolkes (Kap. 9.3.5).

9.3.5.2 Ergebnisse

9.3.5.2.1 E-Befischung von Grundschwelle 6 (hm 12,14):
Sie wurde am 18.10.1983 durchgeführt. Zu diesem Zeitpunkt betrug die Überfallshöhe 0,76 bis 0,80 m, die Kolktiefe 0,90 m im Mittel.

Es wurden folgende 5 Bachforellen gefangen:

Nr./ L	Nr./ L	Nr./ L
BF 213/240	BF 0 /150	BF 0 /166
BF 0 /129	BF 0 /158	

Bei der Elektro-Befischung am 7.6.1980 waren dagegen noch 13 Bachforellen im Kolk, davon 6 mit (1+), d. h. zweisömmerig, 4 mit (2+) und 2 mit (3+); am 29.6.1983 waren es 7 Exemplare, davon 3 im Alter (1+) und 4 mit (3+). Aus der Altersverteilung ergibt sich, daß die laichfähigen Bachforellen bis auf ein Exemplar gegen Ende der Steigzeit über die Sperre 6 aufgestiegen sind. Diese eine markierte Bachforelle BF 213 befand sich am 29.6.1983 noch in Grundschwelle 5 (hm 12,03), wie aus dem E-Fischereiprotokoll zu entnehmen ist. Für einen weiteren Aufstieg dürfte der Abfluß dann zu gering gewesen sein. Bei der jahreszeitlich früher liegenden E-Befischung von 1980 waren um 6 Exemplare mehr in diesem Sperrenkolk als am 29.6.1983. Daraus könnte abgeleitet werden, daß 1983 bereits Ende Juni mit der Wanderung begonnen wurde, da anschließend bis zum 18.10.1983 die Wassermengen für den Aufstieg sehr gering waren. Eine Abdrift von Bachforellen dürfte auszuschließen sein, da nach der E-Befischung vom 29. und 30.6.1983 kein Hochwasser mehr auftrat, und die Sperrenkolke im Bereich der Staffelstrecke sehr sichere Einstände bieten. Diese frühe Wanderung kann mit Sicherheit nicht den Laichwanderungen zugeordnet werden, sondern ist eine Kompensationswanderung. Dies läßt sich an Hand der E-Befischung nachweisen. Diese mußte nämlich um fast 10 Tage verschoben werden, da durch starke Regenfälle der Bach zweimal sehr stark anschwoll. Am 29. und 30. Juni konnte die E-Befischung dann bei fallendem Wasserstand durchgeführt werden. Nach der starken Wasserführung von 17,7 m^3/sec.

um den 27./28. Kap. 2.8.3. (Foto 8) fiel der Wasserstand des
Dexelbaches am 30.6.1983 bis auf 0,096 m³/sec.
Zahlreiche Bachforellen, die bei den beiden vorangegangenen
Hochwässern abgedriftet und verletzt worden waren, wurden ge-
fangen (Foto 17).

9.3.5.2.2 E-Befischung von Grundschwelle 7 (hm 12,27):
Die Durchführung erfolgte ebenfalls am 18.10.1983. Die Über-
fallshöhe betrug 1,05 m und die Kolktiefe 0,78 m.
Folgende Fische wurden gefangen:

	Nr. / L		Nr. / L		Nr. / L
BF (6.8.82 Sp.5)	132/207	BF	0 /165	BF	0 /209
BF	0/151	BF	0 /196	BS	5 /202

Wenn man von der Fischlänge auf die Geschlechtsreife schließt,
so befanden sich nur mehr drei für den Laichaufstieg in Frage
kommende Bachforellen in diesem Kolk. Da zu den im Juni 1980
und 1983 durchgeführten E-Befischungen jeweils wesentlich mehr,
nämlich 10 BF/2 RB bzw. 9 BF festgestellt worden waren, kann
mit ziemlicher Sicherheit angenommen werden, daß die migra-
tionsfreudigen Bachforellen zu Zeit der E-Befischung vom
18.10.1983 bereits über Sperre 7 aufgestiegen waren. Bezogen
auf 1980 waren dies rund die Hälfte des Fischbestandes, bezogen auf 1983 rund 44 %, die Sperre 7 mit einer Überfallshöhe von 1,05 m übersprungen hatten.

9.3.5.2.3 E-Befischung von Sperre 8 (hm 12,45):
Die erste E-Befischung erfolgte am 16.10.1983 um 17 Uhr mit
einem Fangergebnis von 12 Fischen (Tab. 27).

Tab. 27: Bachforellen in Sperre 8: K_F, Markiernummer,
Längen- und Gewichtsangabe

F. K_F	Nr. L / G	F. K_F	Nr. / L / G	F. K_F	Nr. / L / G
BF (0,84)	107/239/114	BF (0,97)	158/203/81	BF (0,94)	0/198/73
BF (0,83)	148/208/75	BF (0,85)	160/233/180	BF (0,90)	0/191/63
BF (0,91)	150/210/84	BF (1,04)	166/208/94	BF (1,60)	0/163/46
BF (0,83)	155/237/111	BF (0,98)	0/239/134	BF (1,28)	0/153/46

Am 18.10.1983 erbrachte die E-Befischung in diesem Sperrenkolk nur mehr folgende Bachforellen (6 St.).

BF 148/208, BF 160/233, BF 166/208, BF 0/191, BF 0/198, BF 0/239

Im Vergleich dazu die E-Befischung von 1980 mit 4 BF und 4 RB und jene vom Juni 1983 mit 16 BF.
Die E-Befischungen von 1983 zeigen 16 Bachforellen am 29.6., 12 Exemplare am 16.10. und nur mehr 6 Stück am 18.10. Die Abnahme der Fischpopulation zwischen den beiden ersten Befischungen im Sperrenkolk 8 zeigt deutlich, daß diese Sperre von maximal 8 Bachforellen hätte übersprungen werden können. 2 BF mit Längen von 153 und 163 mm waren auszuscheiden.
Kalkuliert man zwischen den beiden ersten Befischungen mögliche Abwanderungen ein, so sind diese zwischen den beiden letzten Terminen fast völlig auszuschließen, da die geringe Abflußmenge von nur 0,029 m³/sec. weder für den Aufstieg noch für eine Abwanderung genügend groß war (vgl. Kap. 9.3.3.7).
Durch die geringe Überfallsmenge bei Sperre 8 kam der Laichaufstieg zum Stillstand. Es wurde daher mit einem Teilaufstau an der Abflußsektion bei Sperre 8 begonnen und dieser auch während der Nacht belassen, damit sich die Fische an den plötzlich verstärkten Wasserüberfall gewöhnen. Hier überlappt sich dieser Versuch bereits mit Kap. 9.3.6. Ermittlung der Steigzeiten und Steighöhen durch Versuche mit veränderlicher Abflußsektion und Kolktiefe (Foto 21).
Der Aufstau des überfallenden Wassers erfolgte durch eingeschobene Bretter entlang des Kronenbaumes, die gegenüber diesen und den Flügeln abgedichtet waren. Dadurch war es möglich, die Abflußsektion so weit einzuengen, daß nur mehr im linken Überfallsbereich ein schmaler Abschnitt für den Überfall frei blieb, wodurch natürlich die Höhe des anströmenden und überfallenden Wassers von ursprünglich 3 auf 12 cm gesteigert werden konnte.
Durch diese bedeutende Aufstiegsverbesserung war es den migrationswilligen Bachforellen möglich, die Sperre 8 zu über-

winden, wie dies aus der Verringerung der Fischpopulation
von 12 auf 6 Stück im Sperrenkolk innerhalb von 2 Tagen hervorgeht. Da für die Abwanderung keine besonders günstigen
Verhältnisse herrschten (kein Hochwasser), war anzunehmen,
daß vier der nicht mehr gefangenen Bachforellen vermutlich
aufgestiegen waren und dabei die Sperrenhöhe von 1,28 m bewältigt hatten. Die beiden Exemplare mit Längen von 153 und
163 mm dürften wegen ihrer Kleinheit bei der E-Befischung
nicht erwischt worden sein, und da sie altersmäßig für den
Aufstieg nicht in Frage kommen, wurden sie ausgeschieden.

Die Sperrenhöhe war in den Vormittagsstunden durch Einziehen eines Sohlbaumes am Kolkauslauf von 1,45 m im Mittel auf
1,28 m verringert worden. Um die Verringerung der Überfallshöhe wurde die Kolktiefe erhöht.
Bei Berücksichtigung des Konditionsfaktors für den Aufstieg
zeigt sich, daß jene Bachforellen mit dem höheren Wert eine
etwas größere Aufstiegsbereitschaft erkennen lassen.

9.3.5.2.4 E-Befischung von Grundschwelle 9 (hm 12,60):
Die Befischung vom 7.6.1980 ergab im Kolk 10 Bachforellen
und 1 Regenbogenforelle.
Den Fang von der Testbefischung vom 29.6.1983 bildete nur die
BF 189|220|91, die von der Sohlrampe der Sperre 12 (hm 13,60)
abgewandert war und zum Zeitpunkt ihres Fanges den schlechten
Konditionsfaktor $K_F = 0,85$ aufwies. Daraus ist zu schließen,
daß die anderen Bachforellen die Grundschwelle 9, die eine
Überfallshöhe von 0,60 m und eine Kolktiefe von 0,80 m hat,
an den Vortagen bei stärkerer Wasserführung bereits übersprungen hatten. Somit wurde während der letzten Junitage bereits
eine starke (Laich-) Migration der Bachforellen festgestellt.

Bei der E-Befischung vom 18.10.1983 wurde nur eine Bachforelle (129 mm) im Sperrenkolk gefangen. Da dieses Exemplar
noch nicht geschlechtsreif war, hatte es auch an der Laichwanderung noch nicht teilgenommen.
Die niedrige Überfallshöhe von nur 0,60 m und die große Kolktiefe waren für den Fischaufstieg sehr günstig.

9.3.5.2.5 E-Befischung der Grundschwelle 10 (hm 12,75):
Diese Grundschwelle, die für den Fischaufstieg wegen ihres geringen Überfalles in keiner Weise hinderlich ist, brachte ähnliche Ergebnisse wie die bachabwärts folgende.
Die Befischung vom 7.6.1980 ergab eine Fischpopulation von 9 Bach- und 2 Regenbogenforellen im Kolk, jene vom 29.6.1983 nur mehr von 4 Bachforellen.
Bei der Befischung vom 18.10.1983 wurden nur mehr eine Bachforelle mit 137 mm Länge und eine mit 143 mm Länge gefangen. Alle größeren und laichwilligen waren bereits aufgestiegen.
Diese Grundschwelle hat eine Überfallshöhe von 0,70 m und eine Kolktiefe von durchschnittlich 0,80 m.

9.3.5.2.6 E-Befischung der Grundschwelle 11 (hm 13,04):
Die am 7.6.1980 durchgeführte E-Befischung erbrachte ein Fangergebnis von 11 Bachforellen und einer Regenbogenforelle mit einer Altersverteilung von (1+) bis (4+) im Kolk und in der Zwischenstrecke 5 Bachforellen zwischen (1+) bis (2+).
Die E-Befischung vom 29.6.1983 erbrachte 11 Bachforellen im unterschiedlichsten Alter von (1+) bis (5+).
Das Fangergebnis der Befischung vom 18.10.1983 waren wiederum 9 Bachforellen mit Längen zwischen 141 bis 260 mm.
Die starke Fischpopulation in diesem Kolk zum Zeitpunkt des Laichaufstieges ist eigentlich bei der mäßigen Überfallshöhe von nur 0,9 m verwunderlich. Die Kolktiefe erreicht zwar einen Maximalwert von 0,75 m, der für den Aufstieg ausreichend sein müßte, doch liegen im unmittelbaren Absprungbereich zahlreiche Wurfsteine, die den Absprung aus den wenigen Tiefwasserstellen stark behindern. Da die Wassertiefe von den Wurfsteinen zur Wasseroberfläche nur zwischen 35 und 52 cm beträgt, ist ein Absprung oberhalb der Wurfsteine für die Überwindung der Überfallshöhe von 0,90 m unmöglich.
Da hier die zum Absprung nutzbare Kolktiefe geringer oder nur etwas größer als die halbe Überfallshöhe ist, bringt bereits diese Sperrenhöhe für den Fischaufstieg größte Schwierigkeiten mit sich.

9.3.5.3 Zusammenfassung und Diskussion der Ergebnisse

Die zu verschiedenen Zeiten während der Jahre 1980 bis 1983 durchgeführten E-Befischungen, die im Bereich der Sperre 6 (hm 12,14) bis Sperre 11 (hm 13,04) durchgeführt worden sind, bestätigen ebenfalls, daß die Querwerke bis zu 0,8 m Überfallshöhe bei Kolktiefen in ähnlicher und auch etwas geringerer Größenordnung und bei einer Abflußmenge von über 0,03 m³/sec. für den Fischaufstieg kein Hindernis darstellen. Bei größeren Höhen, die, wie die Versuche zeigten, bis 1,48 m Höhe erreichen konnten, ist nicht nur eine enstprechende Kolktiefe, sondern auch die größere Abflußmenge oder deren Konzentration an einer aufstiegsbegünstigten Stelle erforderlich. Die mit Hilfe der E-Befischung ermöglichte Bestimmung des Konditionsfaktors nach FULTON in BAGENAL (1978) zeigte eine Abhängigkeit von der Fischkondition zur Sprunghöhe des einzelnen Exemplares.

Deutlich zum Ausdruck brachte diese Versuchsreihe, daß die Kolktiefe ein wesentlicher Parameter für die Sprunghöhe des Fisches ist. Kolktiefen, die nur die Hälfte der Überfallshöhen betragen, verhindern den Aufstieg ab einer Höhe von etwa 40 bis 50 cm vollkommen.

9.3.6 Ermittlung der Steigzeiten und Steighöhen durch Versuche mit veränderlicher Abflußsektion und Kolktiefe

9.3.6.1 Methodik

Da festgestellt worden war, daß die Aufstiege bei Sperre 8, sei es durch die geringe Wasserführung oder andere Parameter, eingestellt worden waren, schien der Zeipunkt geeignet, den Aufstieg durch technische Eingriffe wieder zu ermöglichen. Der erste Schritt war die Verengung der Abflußsektion, um dadurch die Höhe des anströmenden Wassers zu heben und so die Steigtätigkeit wieder zu ermöglichen. Hiezu waren bereits im Vorjahr alle vorbereitenden Arbeiten getroffen worden. Bei den Querwerken 8 (hm 12,45), 9 (hm 12,60) und 10 (hm 12,75) wurden die Kronenbäume an der Oberseite so angebohrt, daß mit Hilfe von speziell geformten Steckeisen und Gummidichtungen die Staubretter in der Abflußsektion dieser Absturzbauwerke so zu verschieben waren, daß durch Verminderung der Abflußbreite in jedem beliebigen Punkt eine gewünschte Erhöhung des Wasserstandes am Kronenbaum erzielt werden konnte.

9.3.6.2 Ergebnisse

Versuchsbeginn am 16.10.1983 um 16^{10} mit dem Aufstau von Sperre 8 (hm 12,45):

Zuvor betrug die Abflußhöhe nur 4,8 cm bei einer Abflußmenge von 0,041 m³/sec. Diese Wassermenge war für den Fischaufstieg diesmal anscheinend zu gering (0,03 m³/sec. als Grenzwert gefunden), oder ein anderer Parameter war für das Steigen nicht stimulierend genug. Die Lufttemperatur betrug 9,7°, die des Wassers 8,1°. Die eingelegten Staubretter bewirkten einen Anstieg des Wassers auf 12 cm Höhe bei einer Abflußbreite von 27 cm.

Zum Zeitpunkt des Versuches betrug die Überfallshöhe 1,28 m. Die geringe Höhe des Überfalles entstand durch das Einziehen eines Sohlbaumes durch die Wildbachverbauung am Kolkauslauf zur Absicherung von Sperre 8, so wie er beim ursprünglichen Ausbau vorhanden gewesen war. Das Profil, im Abstand von 1 m vom 1. Sperrenflügel durch den Kolk gelegt, befindet sich dort, wo nach dem Abbau der Staubretter wieder der größte Wasserstrahl auftritt. Es hatte an der Sperrenvorderkante eine Tiefe von 68 cm. Von dort anschließend betrug die Wassertiefe in 20 cm Abständen 69, 120 und 116 cm. Das Profil, das im Abstand von 50 cm vom 1. Sperrenflügel gemessen wurde, hatte an der Sperrenvorderkante 63 cm und daran anschließend 65, 116 und 115 cm Wassertiefe.

Bei der E-Befischung wurden 12 Bachforellen gefangen (Tab. 27, Kap. 9.3.5.2.3) und nach der Identifizierung und Vermessung wieder ausgesetzt.

Am 17.10.1983 um 8^{30} mußte die Öffnung der Staubretter auf 1,5 m verbreitert werden, da durch den Niederschlag während der Nachtstunden das Wasser bereits über die Staubretter zu fließen begann. Die Wassertemperatur betrug 7,7°, der Abfluß stieg auf 0,085 m³/sec. an. Am 18.10. wurden nur noch folgende Bachforellen mit dem Elektrogerät gefangen:

BF 148/208/75, BF 160/233/108, BF 166/208/94, BF 0/239/134, BF 0/198/73, BF 0/191/63.

Während dieser beiden Tage wurden von den ursprünglich im Kolk von Sperre 8 vorhandenen 12 Bachforellen nur mehr 6 Exemplare gefangen. Von den 7 markierten Bachforellen gab es nur mehr 3 Stück. Es dürften 4 Bachforellen den Aufstieg von 1,28 m Höhe über Sperre 8 geschafft haben. Die Exemplare mit den Längen von 153 und 163 mm kamen wegen ihrer Kleinheit für den Aufstieg nicht in Frage.

9.3.6.3 Zusammenfassung und Diskussion der Ergebnisse

Am 18.10. belief sich die Wasserhöhe am Kronenbaum auf 4,0 bis 4,3 cm. Dieser Wasseranstieg war durch die geringen Niederschläge während der Nacht vom 16. auf den 17. entstanden.

Nach Ansicht vieler Fischereibiologen verläuft das Steigen nur tagsüber, mit einem Anstieg der Aufstiegsintensität an den Vormittagsstunden, einem Maximum um die Mittagszeit und einer darauf folgenden kontinuierlichen Abnahme bis in die Abendstunden. Nach meinen Beobachtungen war die größte Steigintensität jedoch jeweils in den Nachmittagsstunden festzustellen. Zu dieser Zeit lag auch die Wassertemperatur am höchsten, wie dies aus dem Diagrammstreifen entnommen werden konnte. Hier könnte die zunehmende Lichtintensität (ROSENBERG, 1953) um diese Zeit ein zusätzlicher Faktor gewesen sein. Der Dexelbach verläuft in West-Ost-Richtung und dreht im Bereich der Sperre 8 etwas nach Süden. Er weist hier entlang des r. Ufers nur einen sehr schmalen und niedrigen Uferwaldgürtel auf, der stellenweise zu den Wiesen im Süden fast offen ist. Dadurch ist in den Nachmittagsstunden eine intensivere Sonneneinstrahlung möglich, die bei fast stehendem Wasser im Kolk eine geringfügige Aufwärmung bewirken kann (MERWALD, 1983). Zu beachten ist noch, daß der erste Laubfall die Lichtintensität und die Aufwärmung begünstigt. Die Messungen während der Sommermonate ergaben bei ähnlich gelagerten Absturzbauwerken im Kolkwasser nur Temperaturunterschiede von maximal 0,2°C.

Ich möchte noch darauf verweisen, daß dieser Beobachtungszeitraum wenige Tage vor dem Vollmond lag, und es stellt sich die Frage, ob diese Beleuchtung vielleicht doch eine Aufstiegstätigkeit bewirkt haben könnte. Der genaue Aufstiegszeitpunkt ließ sich bei diesen vier vermutlich aufgestiegenen Bachforellen nicht feststellen. Fest steht jedoch, daß rund 30 % des Fischbestandes aus diesem Sperrenkolk, wenn man die Ungenauigkeit bei der E-Befischung in Betracht zieht, über die Sperre 8 aufgestiegen sind. Wegen der geringen Abflußmenge von 0,029 m³/sec. am 16.10.1983, die noch dazu fallende Tendenz aufwies, war ohne technische Hilfe weder ein Aufstieg noch eine Abwanderung möglich. Wie bereits in Kap. 9.3.5.2.3 festgehalten wurde, haben Bachforellen die Überfallshöhe von 1,28 m der Sperre 8 (hm 12,45) zur Zeit des Laichaufstieges bewältigt.

Alle weiteren geplanten Versuche der Sperre 8 sowie auch jene der Sperre 9 und 10 mußten wegen der geringen Wasserführung (Jahrhundertsommer) und den nicht rechtzeitig fertig gewordenen Einbauten im Kolk vorzeitig abgebrochen werden.

Die in diesem Abschnitt ermittelten Werte über die Aufstiegshöhen der Bachforellen fanden auch Eingang in die Fischlängen-Sprunghöhen-Tabelle (Tab. 28) in Kap. 9.6.

9.4 ABDRIFT UND KOMPENSATIONSWANDERUNG

Die Abdrift ist größtenteils als passive Wanderung anzusehen, bei der manche Fische oft über weite Strecken abgetrieben werden. In Fließgewässern mit hohen Absturzbauwerken und geringen Abflußmengen hat sie oft schwerwiegende oder sogar tödliche Verletzungen zur Folge. In vielen Gewässern ist durch anthropogene Eingriffe für die abgedrifteten Exemplare später der Wiederaufstieg unmöglich.

9.4.1 Methodik

Für die Ermittlung der tatsächlich bei der Abdrift überwundenen Streckenlängen und Überfallshöhen wurden wie in Kap. 9.3.4 die zwischen dem Zeitraum vom 24.7.1981 bis 18.11.1982 im

Dexelbach markierten und wiederausgesetzten 300 Bachforellen, 30 Regenbogenforellen und 15 Bachsaiblinge herangezogen. Sie waren nach dem Farbmarkiersystem nach MERWALD (vgl. 8.3.2) gekennzeichnet worden.

Die Ergebnisse der Fänge wurden bis zum Sommer 1984 ausgewertet.

Einige weitere interessante Daten steuerten noch die Fänge von unmarkierten Fischen sowie einige zufällige Beobachtungen bei.

9.4.2 Ergebnisse

Bei 54 markierten Bachforellen konnte eine seewärts gerichtete Wanderung festgestellt werden, wobei anzunehmen ist, daß der überwiegende Teil einer Abdrift entspricht.

Die durchschnittliche Wanderlänge für diese 54 Bachforellen betrug 113 m, im Mittel wanderten 38 Fische im verbauten Bereich über vier Sperren talwärts. Die Auswertung der 154 Querwerke der Wildbachverbauung, die von den 54 Bachforellen insgesamt überschwommen wurden, ergab eine mittlere Durchschnittshöhe von 1,46 m. Der höchste Überfall, den die Fische dabei überwanden, war jener von Sperre 33 bei hm 19,39. Er betrug 4,20 m, die Kolktiefe war dort 1,05 m.

Die Auswertung der natürlichen Abstürze ergab bei 17 Überfällen einen Durchschnittswert von 1,16 m. Der höchste Überfall hat einen Höhenunterschied von 3 m. Er war aber wie die meisten natürlichen Überfälle schräg ausgebildet, sodaß sich der Wasserstrahl nicht abhob; die Kolktiefe betrug 0,45 m.

Die längste seewärts gerichtete Wanderung wurde zwischen 13.11.1981 und 29.6.1983 mit einer Länge von 1.008 m unter Überwindung von 20 Wildbachsperren und Grundschwellen sowie 13 natürlichen Abstürzen von der BF 91 mit 222 mm Länge (zum Zeitpunkt des Wiederfanges) ausgeführt. Bei dieser bachabwärts gerichteten Wanderung überwand der Fisch den 4,20 m hohen Überfall von Sperre 33 bei einer Kolktiefe von nur 1,05 m und mehrere Abstürze in der Größenordnung von 2,20 bis 3,50 m Höhe, wobei die Kolktiefen knapp unter 1 m lagen.

Die BF 54 wurde am 9.8.1981 bei Sperre 25 (hm 17,44) ausge-

setzt und am 7.8.1982 bei Sperre 8 (hm 12,45) nach einer Abdrift von 499 m Länge schwer verletzt gefangen. Die starken Nackenverletzungen zeigten, daß sie bei ihrer Abdrift über die Abstürze mehrmals auf Wurfsteine aufgeschlagen sein mußte. Die Verletzungen waren noch ganz frisch. Am 25.9.1982 wurde sie wieder in Sperre 8 gefangen. Ihre Verletzungen waren bereits im Ausheilen. Bei den beiden weiteren Fängen am 17.11.1982 war der Heilungsprozeß bereits abgeschlossen, und am 29.6.1983 waren die Verletzungen nicht mehr zu erkennen. Der in der Zwischenzeit standortstreu geworden Fisch wuchs gut ab.

Die nächst längsten Abdriften waren 552 m (BF 239) ohne Abstürze, 285 m (BF 295) mit 8 Abstürzen, 250 m (BF 110) ohne Abstürze und 209 m (BF 276) und 196 m (BF 203) mit je 9 Abstürzen. Bereits nach kleinen Hochwässern, wie vor dem 30.6.1983, wurden mehrmals verletzte Bachforellen im Dexelbach gefangen (Foto 17), einmal ein kleines und frisch verendetes Exemplar in der Schluchtstrecke gefunden. Ein weiterer verendeter Fisch wurde unter Sperre 18 (hm 15,50) entdeckt (Foto 22). Von den markierten Bachforellen wurde BF 257 mit schwerer Verletzung im Bereich des rechten Auges bei Sperre 18 gefangen. In der Schluchtstrecke wurde bei der E-Befischung vom 30.6.1983 unterhalb Sperre 34 die BF 71 mit 210 mm Länge gefangen. Sie war im Bereich der Rücken- und Fettflosse jeweils auf rund 5 cm Länge oberhalb der Seitenlinie schwer verletzt, und die Haut war dort zur Gänze abgeschält. Dieser Fisch war während des kleinen Hochwassers an den Vortagen der E-Befischung in der Schluchtstrecke über die scharfkantigen Felsen und Geröllbrokken abgedriftet oder durch das Nachbrechen von mehreren Felsplatten in diesem Abschnitt verletzt worden.

Die Regenbogenforellen zeigten im großen und ganzen eine Tendenz, im Laufe von ein bis zwei Jahren den Dexelbach abwärts zu wandern und nur in großen Sperrenkolken wie von Sperre 22 (hm 16,98), Sperre 17 (hm 14,59), Sperre 9 (hm 12,60), Sperre 8 (hm 12,45), Sperre 6 (hm 12,14) und bei der Betonsperre im Lichtenbuchinger Graben standortstreu zu werden. Die weiteste seewärts gerichtete Wanderung wurde bei RB 11 festgestellt. Sie wanderte über 6 natürliche Abstürze mit einer Durchschnittshöhe von 0,90 m und einer Maximalhöhe von 1,1 m sowie über 16 Sperren mit einer Durchschnittshöhe von 2,14 m und einer Maximalhöhe von 4,20 m (Sperre 33). Ihre Wanderung fand zwischen 30.8.1981 und 18.11.1982 statt, dabei legte sie eine Wegstrecke von 668 m zurück.

Die zweitweiteste Wanderung innerhalb des Beobachtungszeitraumes betrug 531 m von RB 7 und zwar von hm 19,80 in der Schluchtstrecke bis Sperre 17. Dabei bewältigte der Fisch den 4,20 m hohen Überfall von Sperre 33 anscheinend wie RB 11 ohne Verletzung, ebenso jene mit 3,50 m und 3,30 m Höhe.

Die RB 23 wanderte 208 m abwärts und überlebte wie RB 11 und RB 7 auch die Abstürze über Sperre 19 (hm 16,33) und Sperre 18 (hm 15,55) mit Überfällen von 2,80 m und 2,60 m Höhe.

Es ist verwunderlich, daß alle drei Regenbogenforellen diese beiden Sperren schadlos überwinden konnten, da hier das Fundament vorspringt und zahlreiche Wurfsteine den Kolk für abdriftende Fische zu einer tödlichen Falle machen.

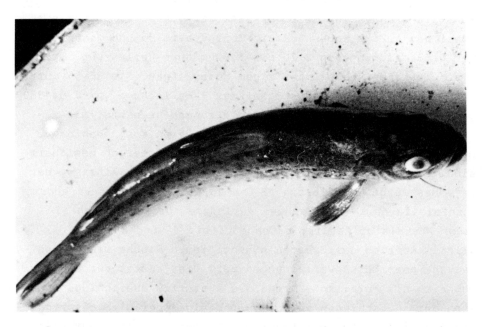

Foto 22: Bachforelle, die beim Absturz über Sperre 18 (hm 15,55) durch schwere Verletzungen am Nacken verendete.

Bei den markierten Bachsaiblingen BS 1, BS 2, BS 5 und BS 9
wurden ebenfalls bachabwärts gerichtete Wanderungen oder eine
passive Abdrift festgestellt. Die längste Distanz wurde von
BS 2 mit 146 m zurückgelegt; gefolgt von BS 1 mit 130 m Länge.
Die beiden anderen Wanderungen waren 70 und 50 m lang. BS 9
überwand ebenfalls die gefährliche Sperre 18 mit 2,60 m Überfall und den mit Wurfsteinen beinahe voll gefüllten Kolk. BS 1
und BS 2 wanderten über Sperre 8 (Ü=1,45 m). Alle vier Bachsaiblinge wurden in Zwischen- oder Flachstrecken standortstreu.
BS 1 wurde viermal am selben Standort in der Zwischenstrecke
7/8 gefangen und bei jeder Begehung beobachtet, da sein Einstand hinter einem Stein gut einzusehen war.

9.4.3 Zusammenfassung und Diskussion der Ergebnisse

Die durchschnittliche Wanderlänge der 54 Bachforellen in Richtung See betrug 113 m, die längste 1.008 m. Bei dieser Wanderung von BF 91, die innerhalb eines Zeitraumes von etwas
mehr als 18 Monaten durchgeführt wurde, überwand der Fisch 20
künstliche und 13 natürliche Abstürze. Die Forelle überlebte
dabei den 4,20 m hohen Absturz über Sperre 33 und mehrere in
der Größenordnung von 2,20 bis 3,50 m ohne Verletzung, wobei
die Kolktiefen knapp unter einem Meter lagen. Die BF 54 wurde
schwer verletzt in Sperre 8 bei der E-Befischung vom 7.8.1982
gefangen. Die schweren Nackenverletzungen beweisen, wie gefährlich das Abdriften über so hohe Sperren ist, noch dazu,
wenn die Sperrenfundamente im Kolk mit Wurfsteinen gesichert
sind. Dieser verletzte Fisch war aber nicht der einzige, der
gefunden wurde. Bei Sperre 18 (hm 15,50) wurde eine verendete
Bachforelle sowie eine schwer verletzte, der am Rücken ein
Stück Muskulatur fehlte, gefunden (Foto 17 und 22).
Alle im Bereich der Sperren abgedrifteten Fische wiesen Kopf-,
Nacken- oder Rückenverletzungen auf. Dies deutet darauf hin,
daß sich die Forellen während des Absturzes überschlugen und
sich beim Aufschlagen auf die Wurfsteine oder die vorspringenden Fundamente die Verletzungen zufügten oder sich gar er-

schlugen.

In der Schluchtstrecke wurde bei der E-Befischung vom 30.6.
1983 unterhalb der Sperre 34 die BF 71 mit 210 mm Länge schwer
verletzt gefangen. Mehrere Jahre zuvor wurde in diesem Abschnitt eine durch Schlag- oder Sturzeinwirkung verendete BF
gefunden.

Dies zeigt auch, wie gefährlich Hochwässer in unverbauten Gewässerabschnitten für die Fischpopulation sein können. Die
Verletzungen liegen hier jedoch meist im hinteren Bereich des
Rückens.

Wenn die verbauten Gewässerabschnitte tiefe Kolke mit einer
ausreichenden Wassertiefe aufweisen und frei von Vorgrundsicherungen durch Wurfsteine sind, dann erscheint bei der Abdrift die Verletzungsgefahr oder der Tod geringer zu sein als
in der unverbauten Strecke, wenn diese große Felsabstürze hat
und Geschiebeablagerungen möglich sind.

Die Regenbogenforellen drifteten ebenfalls ab. Die längste
festgestellte Wanderung war 668 m lang, die Maximalabsturzhöhe lag ebenfalls bei 4,20 m. 3 Regenbogenforellen überlebten
den gefährlichen Absturz über Sperre 19 und 18, die beide vorspringende Fundamente aufweisen und deren Kolke zum überwiegenden Teil mit Wurfsteinen zur Sperrensicherung ausgelegt
sind. Sie müssen wohl bei größerem Wasserabfluß über die Sperren abgedriftet sein, so daß die Wurfparabel außerhalb des
Fundamentes auftraf. Die Fische müssen genau in die Gumpen
zwischen die Wurfsteine gestürzt sein.

Die markierten Bachsaiblinge sind nur über kürzere Strecken
gewandert; nur BS 9 ist über einen 2,50 m hohen Überfall abgedriftet. Die nächst größte Überfallhöhe betrug 1,45 m
(Sperre 8). Ihre seewärts gerichteten Wanderungen überschritten 150 m innerhalb von 2 Jahren nicht.

Die Kompensationswanderung, die in Fließgewässern zum Ausgleich der Abdrift dient, ist in Bächen wie dem Dexelbach sehr
stark durch die hohen Absturzbauwerke eingeschränkt. Zudem
ist sie schwieriger als die Laichwanderung zu beobachten, da
sie zu verschiedenen Zeiten des Jahres stattfinden kann, ver-

mutlich aber meist sofort nach dem Abklingen der einzelnen
Hochwasserereignisse. Da die abgedrifteten Fische in Wildbächen mit hohen Sperren in ihr ursprüngliches Einstandsgebiet nicht wieder aufsteigen können, muß ein stark produktiver Fischbestand im Oberlauf vorhanden sein, damit das Gewässer nicht verarmt. Ist dieser Zustand nicht gegeben, muß besetzt werden.

9.5 WANDERUNGEN ZUR FUTTERPLATZSUCHE

Diese sind in Wildbächen meist unbedeutend und nur im kleineren Rahmen feststellbar. Im Dexelbach und vergleichbaren Fließgewässern erstrecken sich diese auf kürzeste Distanzen bezogene Wanderungen nur auf einen Standortswechsel zwischen dem Tiefwasser der Kolke oder Gumpen und dem Seichtwasser der Flachstrecken. Bei etwaiger Gefahr oder Beunruhigung werden Kolke und Gumpen als Fluchteinstand aufgesucht.

9.6 ZUSAMMENFASSUNG UND DISKUSSION DER ERGEBNISSE AUS DER UNTERSUCHUNG ÜBER DAS WANDERVERHALTEN DER FISCHE

Die vier angewandten Versuchsmethoden zum Bestimmen der Aufstiegshöhen von Bachforellen brachten sehr gut übereinstimmende Ergebnisse, die für die Praxis in ähnlich gelagerten Fällen als Richtwerte gelten sollten.

Die Bauwerkshöhen, die von Bachforellen am Dexelbach übersprungen wurden, waren maximal 1,45 m bei der springendschwimmenden Aufstiegsart, im Mittel der beiden Versuche 0,98 bzw. 0,91 m. Da diese Fortbewegung beim Aufstieg die häufigste ist und daher auch die meisten Untersuchungsergebnisse vorlagen, wurde versucht, die Fischgrößen und Konditionsfaktoren als Maße für überwindbare Sperrenhöhen zu verwenden. Hiezu fanden die Aufstiegshöhen der markierten Bachforellen und ihre Längen (Kap. 9.3.4) sowie jene Exemplare, die bei den E-Befischungen vom 16.10. und 18.10.1983 (Kap. 9.3.5) und bei dem Stauversuch der Sperre 8 (Kap. 9.3.6) ausgewertet werden konnten, Verwendung. Die in der folgenden Tabelle (Tab. 28) zusammengestellten Werte enthalten die Mindestlängen der Fische und die entsprechenden Werkshöhen, die von ihnen übersprungen wurden. Die Kolktiefen müssen für diese maximalen Aufstiegshöhen im Abstand von 20 und 70 cm von der Sperrenluftseite mindestens 60 bis 70 % der Überfallshöhe betragen, wenn der Überfall höher als 50 cm ist (vgl. Kap. 9.3.5.3). Die Fischlängen gelten nur bei gutem Konditionsfaktor ($K_F > 1$).

Tab. 28: Aufstiegshöhen bei springend-schwimmender Fortbewegungsart in Abhängigkeit von Fischlänge, Konditionslänge und Kolktiefe (Werte gerundet).

Fischlängen (mm) mit $K_F > 1$	Überfallshöhen (m)	Kolktiefen (m)
160	0,5	0,3 - 0,4
170	0,7	0,4 - 0,5
180	1,0	0,6 - 0,7
200	1,1	0,7 - 0,8
210	1,30	0,8 - 0,9
230	1,45	0,9 - 1,0

Beim freien Sprung lagen die Bauwerkshöhen, die überwunden wurden, wesentlich niedriger, nämlich nur bei 0,56 m.
Bei der rein schwimmenden Fortbeweungsart wurden spielend Höhen von 1 m überschwommen. Diese Untersuchungen sollten in größerem Umfang noch einmal durchgeführt werden, um die maximalen Aufstiegshöhen ermitteln zu können. Da am Dexelbach keine Sinoidalschwelle vorhanden war, mußten die Untersuchungen für diese Aufstiegsart im Stockwinkler Bach durchgeführt werden, da es dort die einzige Sinoidalschwelle in dieser Gegend gibt. Diese hat aber nur 1 m Höhenunterschied. Da diese Höhe bei entsprechender Abflußmenge mehrmals problemlos von Bachforellen und einer Regenbogenforelle überschwommen wurde, ist anzunehmen, daß die Salmoniden auch größere Absturzhöhen dieser Bauweise überwinden können.
Hinweise in dieser Richtung geben auch mehrere natürliche Kaskadenüberfälle im Dexelbach, die trotz geringster Kolktiefen

auf schwimmende Art durch zwei markierte Bachforellen überwunden wurden (hm 22,90), obwohl ihre Überfallshöhe 0,75 bzw. 1,10 m beträgt. Die Überwindung dieser Höhen war aber nur möglich, da der jeweilige Überfall sehr konzentriert war und der Absturz eine leichte Neigung aufwies.

Die in Tabelle 28 angeführten Aufstiegshöhen der Bachforellen können nur unter den günstigsten Bedingungen erreicht werden. Diese sind anschließend aufgezählt:

- Für jede springende und springend-schwimmende Fortbewegungsart muß eine ausreichende Kolktiefe vorhanden sein, denn je größer die Kolktiefe ist, um so näher kann der Sprung an die biologische Leistungsgrenze des einzelnen Exemplares herankommen. Um Überfallshöhen von 1,45 m überwinden zu können, müssen die Kolktiefen bei starker Wasserführung mindestens 0,85 bis 1,05 m erreichen (bzw. 60 - 70 % der Überfallshöhen im Abstand von 20 und 70 cm von der Sperrenluftseite betragen).
- Die Abflußmenge muß entsprechend hoch sein. Am Dexelbach ist zum Beispiel bei einer Kronenbreite von rund 3,60 m ein Abfluß von mindestens 0,03 m³/sec. notwendig, um Überfälle in der Größenordnung von 0,7 bis 0,8 m überwindbar zu machen.
- Der Wasserstrahl sollte bei geringen Abflußmengen konzentriert überrinnen, um ein Aufschwimmen zu ermöglichen.
- Über eine schräge Gefällsüberführung soll das Wasser in entsprechender Höhe fließen; dies begünstigt den Fischaufstieg wesentlich mehr als ein senkrechter Überfall mit freier Wurfparabel. Bei der schwimmenden Aufstiegsart benötigt der Fisch keinen Startkolk (z. B. an der Sinoidalschwelle im Stockwinkler Bach).
- Der Konditionsfaktor spielt offensichtlich eine Rolle. Bachforellen mit gutem Konditionsfaktor überwinden bereits bei kleineren Körperlängen gleiche Überfallshöhen wie größere Exemplare mit schlechteren Werten.
- Um aber nicht nur den Laichfischen und den Fischen mit überdurchschnittlich guten Konditionsfaktoren den Aufstieg zu ermöglichen, sollten die in Tabelle 28 angegebenen Werte

bei Verbauungen nach Möglichkeit unter- bzw. nicht überschritten werden. Besonders bei Kleingewässern und solchen mit geringen Abflüssen zur Zeit des Laichaufstieges sollten maximale Überfallshöhen von 0,8 bis 1 m im Hinblick auf die Fischpopulation nicht überschritten werden.
- Falls alle aufgezählten günstigen Voraussetzungen zutreffen sollten und auch ein großer Abfluß zum Zeitpunkt des Laichaufstieges vorhanden ist, könnten Überfallshöhen bis maximal 1,30 m bei einzelnen Absturzbauwerken Anwendung finden.
- Werden kleinere Überfallshöhen als 0,8 bis 1 m gewählt, so ist auch noch für Jungfische im Falle einer erfolgten Abdrift eine Kompensationswanderung möglich. Jungfische mit Längen zwischen 160 und 170 mm haben Sperrenhöhen bis 0,7 m Höhe nachweislich überwunden.

Der Beginn der jahreszeitlichen Laichwanderung war am Dexelbach immer zu sehr unterschiedlichen Zeiten festgestellt worden. Da aus den Aufzeichnungen der letzten drei Jahre das Jahr 1983 wegen der großen Trockenheit und des dadurch unmöglichen Laichaufstieges ausgeschieden werden mußte, wurde für die Ermittlung eines aussagekräftigen Mittelwertes auf bereits seit dem Jahr 1972 zurückliegende Beobachtungen (vgl. Kap. 9.3.3.7) zurückgegriffen. Somit kann zusammenfassend gesagt werden, daß sowohl im Dexelbach als auch im Stockwinkler Bach die Laichwanderung bei Normalwasserständen ab der mittleren Augustdekade beginnt.

Die letzte Wanderung im Jahr wurde am 1.11.1982 bei hm 5,1 im Lichtenbuchinger Graben festgestellt. Die Wassertemperaturen lagen während des gesamten Zeitraumes der Laichwanderungen im Dexelbach im Mittel um 11,2°C und im Stockwinkler Bach um 14°C. Diese hohen Wassertemperaturen zeigen, daß auch das letzte Einsetzen der Laichwanderung keineswegs vom Absinken der Wassertemperatur auf 7°C abhängig ist (FROST und BROWN, 1967), sondern im Dexelbach allein die geeignete Wasserführung den Laichaufstieg als dominierender exogener Faktor initiiert, während der innerliche Jahresrhythmus hiefür die Voraussetzungen schafft (vgl. Kap. 7.1.2).

Um überhaupt ein Aufsteigen beobachten zu können, war ein Mindestabfluß von 0,03 m³/sec. im Dexelbach bei einer Breite der Abflußsektion von 3,6 m notwendig.

Die Beobachtungen über die Intensität des <u>tageszeitlichen Aufstieges</u> brachten für den Dexelbach die größte Steigintensität in den Nachmittagsstunden zwischen 15^{00} und 16^{30} und nicht um die Mittagszeit, wie von ROSENGARTEN (1957) für Frühjahrslaicher festgestellt worden war. Dieser Zeitabschnitt fiel ziemlich genau mit jenem der höchsten Bachwassertemperatur zusammen. Somit zeigt sich für den Dexelbach bei der Tagesaufstiegsintensität ein eher engerer Zusammenhang mit der Zunahme der Wassertemperatur des Baches als mit der Lichtintensität, obwohl letztere nach Untersuchungen an Cypriniden stärker als der Faktor der Wassertemperatur sein soll (ROSENGARTEN, 1957). Auch an trüben Tagen wurde der Höhepunkt der Aufstiegsintensität oder der Aufstieg überhaupt eindeutig während der Nachmittagsstunden festgestellt.

10. UNTERSUCHUNGEN DER LAICHPLÄTZE UND DER
    LAICHZEIT

In Forellenbächen sind die hellen Laichplätze (Riebe) mit
freiem Auge sehr gut sichtbar. Ein Laichplatz besteht häufig
aus mehreren Laichgruben. Diese werden vom Mutterfisch meist
allein freigeschlagen und sind selten länger als der laich-
willige Fisch. Es können auch mehrere Fische zu verschiedenen
Zeiten an einem Laichplatz ihre Laichgruben schlagen und in
diese ablaichen (vgl. Kap. 7.1.3).
Die Laichplätze liegen mit ihren Laichgruben stets im gut
durchströmten und daher sauerstoffreichen Wasser (Abb. 13, 14
und Foto 14).
Die Untersuchungen der Laichplätze bezogen sich auf die Jahre
1981 bis 1983. Im Jahr 1981 wurden 29, im Jahr 1982 sogar 82
und 1983 nur 13 Laichplätze am Dexelbach gezählt.
Im Jahr 1983 wurde durch den frühzeitigen Kälteeinbruch vom
15.11. die begonnene Laichtätigkeit unterbrochen. Bedingt
durch den geringen Abfluß und die Kälte fielen noch dazu einige belaichte Substrate trocken. An 11 Stellen war bereits mit
dem Schlagen der Laichplätze begonnen, jedoch durch die Kälte
die Laichtätigkeit eingestellt worden. In der darauffolgenden
wärmeren Periode wurde nur mehr an ganz wenigen Laichplätzen
das Laichen wieder aufgenommen.

10.1 ANZAHL, FORM, GRÖSSE UND TIEFE

Die 29 Laichplätze, die im Jahr 1981 gefunden wurden, waren
von sehr unterschiedlicher Größe. Ihre Form leicht länglich,
die Durchschnittsfläche 0,26 m². Im ersten Jahr der Erhebung
wurden noch nicht alle Laichplätze so genau erhoben wie in
den darauffolgenden Jahren. In den genau vermessenen Laichplätzen betrug die Wassertiefe im Mittel 17,7 cm.
Im Jahr 1982 wurden vom 30.10.1982 bis 11.12. 82 Laichplätze
genau erhoben und ausgewertet. Die Details sind in Tabelle 28
enthalten. 22 Laichplätze lagen in den Zwischenstrecken der
Sperren, 8 im völlig unverbauten Abschnitt des Mittellaufes,

weitere 28 in Sperrenkolken oder im Bereich von Vorfeldsicherungen und Sohlrampen, überwiegend am Kolkauslauf. 23 Laichplätze wurden im wenig oder nur teilweise verbauten Unterlauf bis hm 11,55 registriert, 1 Laichplatz befand sich im Oberlauf des Lichtenbuchinger Grabens.

Die Aufteilung der Laichplätze auf verschiedene Bachabschnitte zeigt sehr deutlich, daß auch in den verbauten Strecken abgelaicht wird. Die Bachforellen versuchen die geeigneten Plätze zuerst in den Zwischenstrecken zu finden, wie durch markierte Bachforellen festgestellt wurde, die zur Laichzeit aus den Kolken bachabwärts gewandert sind. Finden sie dort keine passenden Stellen, so laichen sie in den Kolken und hier meist im Auslauf. Diese Laichplätze werden als sogenannte Notlaichplätze bezeichnet, da sie fast nie den gestellten Anforderungen entsprechen. Das geeignete Laichsubstrat wird sehr leicht verschlämmt, wodurch dann die Eier verpilzen; die Durchströmung ist meist zu schwach, es sei denn, der Laichplatz liegt im gut durchströmten Bereich des Kolkauslaufes. Dort besteht aber wieder die Gefahr des Trockenfallens und des Ausfrierens während der Trockenperioden. Die Jungfische werden in den Sperrenkolken eine leichte Beute der großen Exemplare.

Bei 43 Laichplätzen konnte eine längliche oder ovale Form festgestellt werden, nur bei 10 Laichplätzen waren runde oder breite Formen vorherrschend.

Die durchschnittliche Größe der freigeschlagenen Fläche der Laichplätze betrug 0,223 m².

Die Wassertiefe an den Laichplätzen (über die gesamte Fläche) ergab im Mittel 17,2 cm. Dieser verhältnismäßig hohe Wert entstand durch die zahlreichen Notlaichplätze in den Sperrenkolken. Die Wassertiefen der übrigen 21 Laichplätze lagen im Mittel nur bei 8,56 cm.

Im Jahr 1983 wurden im Dexelbach nur 13 nachweislich belaichte Laichplätze gefunden. Diese geringe Zahl ist auf den frühzeitigen und extremen Kälteeinbruch vom 15.11. zurückzuführen. Er bewirkte durch das Absinken der Nachttemperaturen auf -10°C eine plötzliche Abkühlung der Wassertemperatur auf 1,7 bis 2,5°C.

Durch die geringe Wasserführung konnte im Dexelbach bereits an
mehreren Stellen nicht mehr gelaicht werden. Durch das Aufeisen fielen wieder einige bereits belaichte Substratstellen trocken. Zusätzlich wurde durch die tiefen Wassertemperaturen das
bereits begonnene Laichen eingeschränkt und ab +2°C völlig eingestellt (vgl. 7.1.3). Nach dem zweiten Kälteeinbruch am 22.11.
wurde das Laichgeschäft nur mehr in sehr bescheidenem Umfang
wieder aufgenommen. Durch das temperaturbedingte Unterbrechen
des Laichens blieb die Zahl der Laichplätze im Jahr 1983 auf
nur 13 beschränkt. Auf Grund der Wasserstagnation in den Kolken wurde das angefallene Buchenlaub nicht mehr abtransportiert und bedeckte oftmals den größten Teil der Kolkwasserfläche. Ob dies eine zusätzliche Einschränkung des Laichens
zur Folge hatte, konnte nicht geklärt werden.
Von den 13 Laichplätzen wurden 6 genau erhoben, das heißt,
ihre Wassertiefen alle 10 cm aufgenommen. Der Durchschnittswert hiefür betrug 9,29 cm, ihre Fläche war 0,18 m² groß. Von
diesen 13 Laichplätzen hatten 9 eine längliche Form, 2 waren
annähernd rund, einer mehr quadratisch und einer dreieckig.
Letzterer war der Laichplatz bei hm 22,00 m unter der "Grafenmühle" (Foto 3, 13 u. 25; Abb. 37).
Der Laichplatz im Auslauf des Kolkes hm 16,45 von Sperre 20
wurde genau vermessen (Foto 23) und ebenso wurden die laichenden Bachforellen fotografiert (Foto 14).
Bei genauer Untersuchung der Laichplätze zeigte sich, daß
diese von den Fischen sehr sorgfältig ausgewählt werden. Wie
das jeweilige Weibchen, das die Laichplätze auswählt, die passenden Stellen ausfindig macht, ist bis heute noch nicht geklärt. Wir sind nur auf Vergleiche und Beobachtungen angewiesen. Feststeht, daß Strömungsgeschwindigkeit, Wassertiefe, bestimmte Substratgröße, Sauerstoffbelüftung eine wesentliche
Rolle für die Anlage eines Laichplatzes spielen. Das Aufwärmen des Bachwassers im Laichstellenbereich konnte am Dexelbach
ausgeschlossen werden. Wieweit die Lichteinstrahlung eine
Rolle spielt, konnte nicht geklärt werden, ebenso die Theorie
des bewußten Abdeckens der Eier nach dem Ablaichen mit Kies.

Foto 23: Laichplatz im Kolkauslauf von Sperre 20 (hm 16,45). Die erste Laichgrube beginnt abwärts von den querliegenden plattigen Steinen, sie ist 32 cm lang und 6,5 cm tief; l. davon bis zum Ende des Zollstabes folgt eine 12 cm lange Laichgrube mit 6,5 cm Tiefe. Die übrige Tiefe schwankt zwischen 3,6 und 4,1 cm.

Der überwiegende Teil der Laichplätze wird jedes Jahr wieder aufgesucht und bei geeigneter Größe meist von mehreren Laichfischen belaicht. Da sich das Ablaichen bei fast jedem Laichpaar über mehrere Tage hinzieht und dabei immer neue Laichgruben entstehen, so besteht die Möglichkeit, daß die alten Gruben mit Kies abgedeckt werden. Dies kann auch durch später laichende Fische geschehen.

10.2 SUBSTRAT

Das Substrat spielt eine überaus wichtige Rolle für die Laichplatzwahl. Manche Fischarten müssen sehr weite Migrationen unternehmen, um in Bach- oder Flußabschnitte zu gelangen, in denen sie das geeignete Laichsubstrat vorfinden. In Gebirgs-

bächen ist meist in unmittelbarer Umgebung des Standplatzes
ein mehr oder minder geeignetes Laichsubstrat anzutreffen.
Der Laichwanderung müssen hier noch andere Ursachen zugrunde
liegen (vgl. 9.1 und 9.2), denn in Bächen wie dem Dexelbach
wäre sie vom Substrat her nicht notwendig.

10.2.1 Korngrößenschätzung

Um das Laichsubstrat vergleichen zu können, muß es größen-
und verteilungsmäßig erfaßbar sein und hiezu klassifiziert
werden. Am geeignetsten erschien die Klassifizierung nach
ÖNORM B 4412 bzw. DIN 4188 (1957), da hier die Grobkiesstufe
zwischen 63 bis 20 mm liegt und diese Korngröße sehr häufig
an den Laichplätzen gefunden wurde. Zudem war beabsichtigt,
von einigen Laichplätzen und unmittelbar benachbartem Substrat mehrere Körnungslinien herzustellen, um Vergleiche zu
erhalten, wie tief der Laichfisch das Feinkorn beseitigt. Da
nur Siebe nach der ÖNORM B 4412 zugänglich waren, schieden
für die Klassifizierung alle anderen Siebverfahren aus. In
Tabelle 29 sind die verschiedenen Korngrößen angeführt, die
als Grundlage Verwendung fanden. Die Proben wurden mit einem
Feinnetz (15x15 cm = 225 cm²) entnommen.

Tab. 29: Klassifikation des Laichsubstrates nach ÖNORM B 4412
nach Prozentanteilen für 22 Laichplätze (Schätzung)

		(mm)	(mm)	Prozente
Stein		> 63		10,2
Kies		63 - 2,0		
	Grobkies		63 - 20	46,6
	Mittelkies		20 - 6,3	35,9
	Feinkies		6,3 - 2,0	7,3 + Feinanteile
Sand		2,0 - 0,063		Anteile nicht schätzbar
	Grobsand		2,0 - 0,63	
	Mittelsand		0,63 - 0,2	
	Feinsand		0,2 - 0,063	
Schluff		0,063 - 0,002		
				100,00 %

Mit Hilfe dieser Flächenschätzmethode konnte festgestellt werden, daß der Hauptanteil des Laichsubstrates mit rund 46% auf die Grobkiesfraktion (63-20 mm) entfällt, knapp gefolgt von der Mittelkiesfraktion (20- 6,3 mm) mit etwa 36%. Die Steinfraktion (> 63 mm) ist mit rund 10% erstaunlich hoch vertreten. Der größte Anteil der stärkeren Fraktionen bringt aber natürlich wesentlich größere Einzelhohlräume im Hyporheon als die kleinen Korngrößen. Diese größeren Hohlräume sind aber für Eier, Brut und Jungfische überlebenswichtig.

Der Anteil des Feinkieses ist somit der geringste, er enthält aber zusätzlich noch die nicht schätzbaren Anteile von Sand und Schluff.

10.2.2 Sieblinienauswertung

Um zusätzlich zur flächenmäßigen Anschätzung des Laichsubstrates (vgl. Kap. 10.2.1) präzisere Unterlagen zu erhalten, wurden 15 Substratproben entnommen und in der BUNDESANSTALT FÜR KULTURTECHNIK UND BODENWASSERHAUSHALT in Petzenkirchen ausgewertet. Von diesen 15 entnommenen Substratproben wurden jeweils 6 aus einem Laichplatz (Lpl. Sub.) und 6 aus dem unmittelbar benachbarten, aber unbelaichten Bachsubstrat (unb. Sub.) entnommen. Diese Proben sind in der Tabelle 30 nebeneinander ausgewiesen, um dadurch gute Vergleiche zu erhalten. Alle Proben wurden zwischen hm 11,05 und hm 13,58 entnommen. Dies entspricht dem oberen Abschnitt des Auflandungsbereiches (unverbauter Unterlauf) und der ersten Staffelstrecke bis unter die Sohlrampe der Meßsperre 12 (hm 13,68).

Es wurden sowohl Proben aus den natürlichen Gumpen des Unterlaufes sowie aus den Sperrenkolken der Staffelstrecke ausgewertet.

Beim Vergleich der Tab. 30 und 31 ist zu beachten, daß die Werte der Tab. 30 aus der flächenmäßigen Anschätzung der Korngrößen nach ÖNORM B 4412 erfolgte, während sie in letzterer zwar auch nach derselben Korngrößeneinteilung, aber in Gewichtsprozenten ausgedrückt sind.

Der geringe Prozentsatz in der Steinfraktion (> 63 mm), der

Tab..30: Auswertung von Substratproben belaichter und unbelaichter Entnahmestellen nach dem Siebverfahren ÖNORM B 4412

Korngröße (mm)	Probe 1 hm 11,05 Lpl.Sub.	Probe 1 unb.Sub.	Probe 2 hm 12,10 Lpl.Sub.	Probe 2 unb.Sub.	Probe 3 hm 12,90 Lpl.Sub.	Probe 3 unb.Sub.	Probe 4 hm 13,25 Lpl.Sub.	Probe 4 unb.Sub.	Probe 5 hm 11,58 Lpl.Sub.	Probe 5 Lpl.Sub.	Probe 6 hm 11,35 Lpl.Sub.	Probe 6 unb.Sub.	Probe 7 hm 11,18 Lpl.Sub.	Probe 8 hm 11,05 Lpl.Sub.	Probe 9 hm 11,25 Lpl.Sub.	Probe 9 Lpl.Sub. %	Probe 9 Lpl.Sub. %
> 63	0	0	0	0	0	0	0	0	0	0	0	0	0	0	27,60	3,07	0
63 – 20	39,76	20,19	50,60	22,35	74,40	17,99	66,30	13,12	3,69	37,90	72,75	29,27	71,57	35,43	29,28	49,31	23,50
20 – 6,3	38,50	44,90	36,00	51,43	15,20	50,51	26,10	45,73	70,72	37,50	16,34	53,99	21,61	59,69	31,02	35,02	47,34
6,3 – 2	16,22	33,48	9,10	13,13	8,30	22,64	5,90	20,82	23,55	13,50	5,72	13,86	4,90	4,05	9,68	9,71	19,57
< 2	5,51	1,44	4,2	13,09	2,00	8,85	1,80	20,32	2,04	11,10	5,17	2,87	2,02	0,84	2,42	2,89	9,61
Ortsangabe																	

Alle Angaben sind in den Gewichtsprozenten zur jeweiligen Korngröße angegeben.

in Tab. 30 aufscheint, läßt sich durch das Rütteln beim Sieben erklären. Die Geschiebestücke der Größenordnung über 63 mm sind meist flach und etwas länglich. Durch diese besondere Form fallen sie beim Rüttelvorgang durch Aufstellen, Springen und dgl. noch durch das Sieb, während sie beim Flächenschätzverfahren flach angedrückt mit ihrer Flachseite auf der Bachsohle aufliegen und daher zur größeren Fraktion gezählt werden.

Die Grobkiesfraktion (63 - 20 mm) war bei den Laichsubstraten meist mehr als doppelt so häufig als größte Fraktion zu finden wie bei den unbelaichten Stellen und lag mit 49,31 % Gewichtsanteilen weit vor der Mittelkiesfraktion (20 - 6,3 mm). Eine Ausnahme bildete der Laichplatz Nr. 5, der sich am unteren Ende der Sohlrampe von Sperre 12 (hm 13,68) befand. Er war im Jahr 1982 von allen 82 untersuchten Laichplätzen jener mit dem feinsten Substrat. Wegen seines extrem hohen Feinsandanteiles wurde er zur Sieblinienauswertung herangezogen. Seine Grobkiesfraktion betrug nur 3,69 % gegenüber der Mittelkiesfraktion von 70,72 %. Trotz der Aufnahme dieses untypischen Laichplatzes in die Sieblinienauswertung lag die Grobkiesfraktion dagegen mit 49,31 % Gewichtsanteilen in der Gesamtauswertung weit vor der Mittelkiesfraktion mit rund 35 %. Bei einzelnen Laichplätzen streute sie sehr stark und lag knapp bis wesentlich unter den Werten der Grobkiesfraktion.

Dies war beim unbelaichten Substrat gerade umgekehrt. Der Mittelkiesanteil war bei den unbelaichten Substratproben (47,3 %) bereits wesentlich höher als im Laichsubstrat (35 %) und rückte größenmäßig an die erste Stelle vor. Die Feinkiesfraktion war ebenfalls viel stärker vertreten.

Bei der Fraktion < 2 mm konnte keine exakte Aussage getroffen werden, jedoch war der Anteil dieser Korngröße im unbelaichten Substrat meist größer.

Aus Tab. 30 ist klar zu ersehen, daß vom laichenden Weibchen vor der Eiablage immer größere Mengen des Mittel- und Feinkieses sowie des Sand- und Schluffanteiles mit der Schwanzflosse soweit aufgelockert werden, daß sie dann mit der

Strömung aus dem Laichgrubenbereich abgeschwemmt werden.
Kurz nach dem Aufwirbeln und Lockern durch die Schwanzflosse
setzen sich diese Materialien in Form von kleinen Häufchen
wieder ab. Dadurch entsteht eine langsamere Strömung im Laichgrubenbereich. Ob dies "beabsichtigt" ist oder nicht, konnte
nicht beantwortet werden. Auch in der Fachliteratur ist hier-
über nichts zu finden.
Bei Aufschlüsselung der Grobkiesfraktion (63-20 mm) nach der
Zwischensiebgröße von 63-31,5 mm ergibt sich für die ersten
6 Laichplätze der hohe Durchsschnittswert von 35,68 Gewichtsprozent, dagegen für die unbelaichten Proben nur von 4,5 % je
Entnahmestelle.

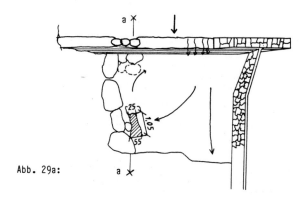

Abb. 29a:

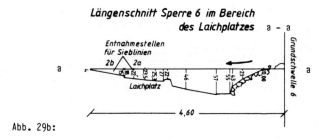

Abb. 29b:

Abb. 29a u. b: Laichplatz (hm 12,10) im Kolk von Sperre 6
mit Situation (a) und Längsschnitt (b).

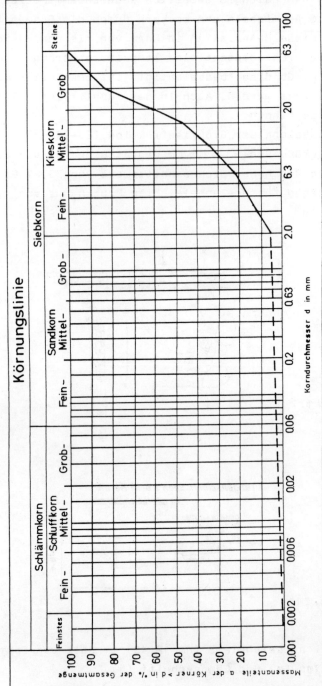

Abb. 30: Körnungslinie des Laichplatzes bei hm 11,05

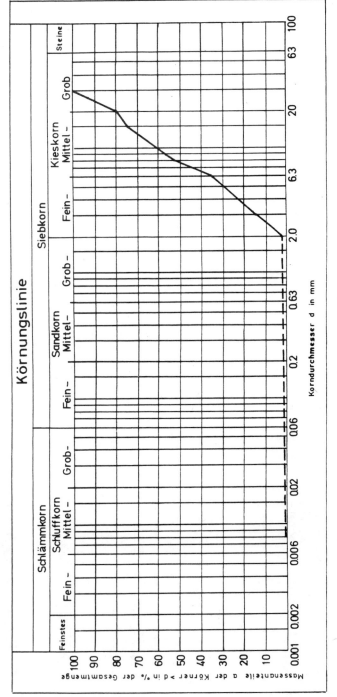

Abb. 31: Körnungslinie des unbelichteten Substrates bei hm 11,05

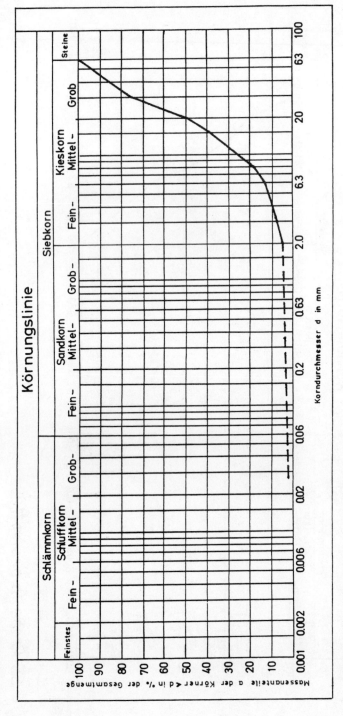

Abb. 32: Körnungslinie des Laichplatzes bei hm 12,10

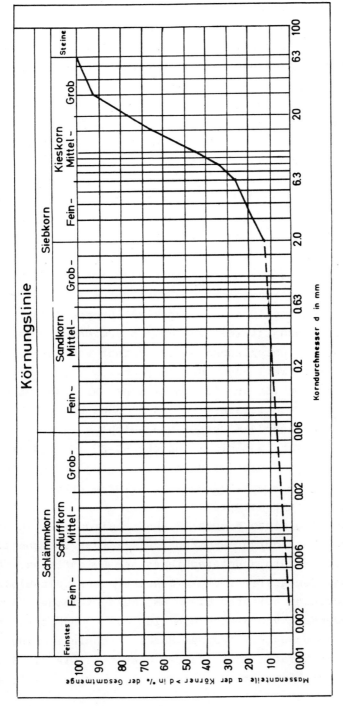

Abb. 33: Körnungslinie des unbelaichten Substrates bei hm 12,09

Bei der Zwischensiebgröße von 31,5-20 mm erfolgt dann bereits der Übergang zum größeren Gewichtsanteil für die unbelaichten Proben. Der durchschnittliche Gewichtsanteil je Laichplatzprobe betrug 15,57 % und für die unbelaichte Entnahme bereits 18,99 %.

In Abb. 30 und 31 sind die Körnungslinien der Probe vom Laichplatz bei hm 11,05 und der unbelaichten Stelle in unmittelbarer Nähe enthalten. Dieser Laichplatz wurde am 2.11.1982 aufgenommen und ist in Abb. 13 dargestellt.

Abb. 32 und 33 enthalten die Körnungslinie des Laichplatzes (hm 12,10) im r. ufr. Teil des Kolkes von Sperre 6 und eines unmittelbar benachbarten, aber unbelaichten Substrates. Dieser Laichplatz liegt am r. Kolkende, aber ausnahmsweise einmal nicht im Kolkauslauf (Abb. 29a und b). Trotz dieser äußerst ungünstigen Lage und der ungenügend erscheinenden Durchströmung wurde er jedes Jahr belaicht. Aufnahmedatum 2.11.1982.

Aus den Laichsubstratproben ergab sich für die Korngröße 63-20 mm ein Durchschnittswert von 49,3 % Gewichtsprozent. Bei Ausschaltung der untypischen Substratprobe von Laichplatz Nr. 5 steigt der Wert sogar auf 55 % an.

Für die Korngröße von 20 bis 6,3 mm ergab sich aus eben diesen Proben ein Durchschnittswert von 41 %, ohne den Laichplatz Nr. 5 sogar nur von 31 % des Probengewichtes.

Daraus ergibt sich, daß die Korngröße 63-20 mm am Dexelbach um mindestens über 8 % und bei Vernachlässigung des Laichplatzes Nr. 5 sogar um 24 % gewichtsmäßig stärker vertreten ist als die nächst kleinere Korngröße.

Die Untersuchung eines Huchen "Riebs" (Laichplatz) in der Drau bei Kleblach Lind durch SCHULZ und PIERY (1982) ergab trotz des beachtlichen Größenunterschiedes der Laichfische, ihrer Eier und der Gewässerregime das Hauptkorn des Laichplatzes in der Größenordnung zwischen 63-20 mm, genau zwischen 63 und 30 mm (Verwendung von Sieben die nicht der ÖNORM entsprachen).

Diese Untersuchungen an einem Huchenlaichplatz wurden deshalb als Vergleich herangezogen, da der Huchen so wie die Bachforelle zu den lachsartigen Fischen zählt, die Genauigkeit

der Laichplatzuntersuchung gute Vergleiche ermöglicht und es
von Interesse war, ob zwischen dem größten und einem kleinen
Vertreter dieser Familie artspezifische Merkmale bezüglich
des Laichplatzes und der Laichgewohnheit auftreten.

10.3 STRÖMUNGSGESCHWINDIGKEIT AM LAICHPLATZ UND UNTERSUCHUNGEN ÜBER DAS EINSTRÖMEN IN DAS LAICHSUBSTRAT

Von den 82 Laichplätzen des Jahres 1982 wurde an 71 die mittlere Geschwindigkeit mit der Stoppuhr an der Oberfläche gemessen. Sie ergab einen Durchschnittswert von

$$v_{o\,m} = 0,19 \text{ m/sec.}$$

an der Wasseroberfläche.

Die Umrechung von $v_{o\,m}$ in v_m nach CLEMENS und TIMM (1970) ergab für die mittlere Geschwindigkeit am Laichplatz ein

$$v_m = 0,15 \text{ m/sec.}$$

(vgl. Kap. 3.1) mit dem Umrechnungsfaktor 0,75.

Da in diesen Werten auch die Geschwindigkeiten von 12 Notlaichplätzen in tieferen Sperrenkolken enthalten waren, wurde auch die Durchschnittsgeschwindigkeit für die Normallaichplätze ermittelt.

Für diese 59 Normallaichplätze wurde eine Wasseroberflächengeschwindigkeit von

$$v_{o\,m} = 0,22 \text{ m/sec.}$$

im Mittel errechnet.

Dies ergab nach Umrechnung von $v_{o\,m}$ in v_m eine mittlere Geschwindigkeit von

$$v_m = 0,17 \text{ m/sec.}$$

im Mittel über die Gesamtlänge der Laichplätze. Zum Vergleich einige andere Geschwindigkeitswerte, die am Dexelbach bei Normalwasserführung im verbauten Abschnitt innerhalb einiger Zwischenstrecken gemessen wurden:

Im Durchschnitt lagen sie von 0,11 bis 0,16 m/sec., das heißt,

sie lagen unter der Geschwindigkeit im Laichplatzbereich. Bei
einigen extremen Standplätzen in der Strömungsrinne wurden bei
Niederwasser höhere Geschwindigkeiten gemessen. Diese lagen
dann meist > 0,20 m/sec. Ein einziger Wert in diesem Bachabschnitt betrug 0,40 m/sec. in einer etwas längeren Strömungsrinne (vgl. Kap. 7.3.2). Am Auslauf eines Laichplatzes, der
durch Steine eingeengt war, wurde der Spitzenwert von 0,51 m/
sec. gemessen. Diese Geschwindigkeitswerte von 0,20 bis 0,51 m/
sec. würden den Dexelbach im Bereich der Staffelstrecke nach
EINSELE (1960) der Übergangszone vom Grobsand zum Feinkies zuordnen. Das wäre die Zone mit Geschwindigkeiten zwischen 0,40
bis 0,60 m/sec. Ihr folgt die Forellen- und Äschenregion des
Hügel- und Gebirgslandes mit Geschwindigkeiten von 0,60 bis
1,20 m/sec. Die Zone des Gebirgsbaches hat nach EINSELE (1960)
1,20-2 m/sec. Diese Region würde nach dieser Einteilung für
das Geschiebe der Schluchtstrecke des Dexelbaches entsprechen,
doch werden auch dort bei Niederwasser nie diese Geschwindigkeiten erreicht. Bei einem Mittelwasser vom 15.9.1984 lagen
die Geschwindigkeiten unter der Sohlrampe von Sperre 12 (hm
13,68) zwischen 0,70 und 0,74 m/sec. (MQ=0,2 m³/sec.). Bei
hm 13,30 wurden Geschwindigkeiten zwischen 0,9 bis 1,2 m/sec.
und in der Schlucht (hm 20,60) zwischen 1,20 bis 2,10 m/sec.
gemessen. Die Verbauung verzögert die Geschwindigkeit im
Dexelbach, wie obige Werte deutlich zeigen. Da die meisten
Messungen für die Untersuchungen bei Niederwasser durchgeführt
wurden und der Dexelbach ein Kleingewässer ist, ergaben sich
diese Unterschiede in der Geschwindigkeit von den Niederwassermessungen zur Einteilung von EINSELE (1960), die Mittelwasserwerten entsprechen.

Da an allen Laichplätzen unterschiedliche Wassertiefen zwischen Laichgrube und dem übrigen Teil des Laichplatzes vorhanden sind sowie meist ein Niveauunterschied zur übrigen Bachsohle vorliegt, wodurch verschieden hohe Wassergeschwindigkeiten auftreten, war es von Interesse, diese Geschwindigkeitsunterschiede genau zu messen.

Für die Geschwindigkeitsmessungen standen oft nur einige

Zentimeter zur Verfügung, sodaß die einfache Handstoppung von vornherein ausschied. Alle genaueren Messungen außer der Flügelmessung, bedürfen längerer Meßstrecken. Daher bestand nur die Möglichkeit, an den Laichplätzen die Wassergeschwindigkeit mittels der Flügelmessung zu ermitteln.

Da manche Laichplätze stellenweise Wassertiefen bis 5 cm aufwiesen, konnte nur mit einem Seichtwasserlaborflügel, der einen Durchmesser von 30 mm hatte, gearbeitet werden.

An fünf Laichplätzen wurden genaue Geschwindigkeitsmessungen durchgeführt. Dabei stellte sich bei einem Laichplatz heraus, daß in seinem oberen Teil der Meßflügel wegen der geringen Anströmgeschwindigkeit nicht ansprang. Ein Flügel für Niedergeschwindigkeitsmessung mit diesem geringen Durchmesser ist aber nicht auf dem Markt.

Die Messungen an den vier verschiedenen Laichplätzen wurden jeweils nach derselben Methode durchgeführt.

Entlang eines Zollstabes wurden in einem Abstand von 10 cm, damit die Strömungsgeschwindigkeit nicht gestört wurde, die Messungen durchgeführt. Trotz dieser systematischen Messungen wurden die Laichgruben zusätzlich in ihrem tiefsten Punkt einer Geschwindigkeitsmessung unterzogen. Diese Messung war wegen der Länge des Flügels und des Aufsatzfußes sehr schwierig durchzuführen.

Die Fließgeschwindigkeiten an den Laichplätzen im Dexelbach wurden mit dem Laborseichtwasserflügel der Fa. OTT und mit Hilfe des elektronischen Zählgerätes Z 2000 nach der Eichgleichung für die jeweils anfallenden Gültigkeitsbereiche in den einzelnen Laichplätzen ermittelt.

Meßflügelgleichungen für den Laborseichtwasserflügel (Fa. OTT):

Gültigkeitsbereich	Eichgleichung
	a b
$0{,}44 \leq n \leq 1{,}63$	$v = 0{,}0948 \times n + 0{,}0521$
$n \geq 1{,}63$	$v = 0{,}1034 \times n + 0{,}0381$

n = Umdrehung/sec. (U/sec.)

v (m/sec.) = a × n (U/sec.) + b   für Flügeldurchmesser von 30 mm.

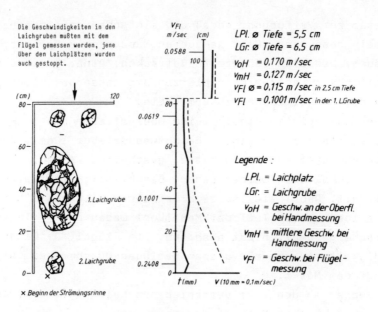

Abb. 34: Laichplatz bei hm 16,45 im r. ufr. Kolkauslauf von Sperre 20 mit zwei Laichgruben (vgl. Foto 14).

Die Messungen beim <u>Laichplatz im Kolkauslauf von Sperre 20 (hm 16,45)</u> ergaben folgende Werte (Abb. 34, Foto 14, 23): In der großen Laichgrube, die nachweislich belaicht wurde, betrug die Geschwindigkeit v = 0,1001 m/sec., sie war damit höher als jene der nur wenig oberhalb liegenden Meßstellen, da sie dort nur zwischen 0,0588 und 0,0619 m/sec. lagen. Die durchschnittliche Laichplatztiefe betrug 5,5 cm, die mittlere Tiefe der Laichgruben 6,5 cm. Die kleine bachabwärts gelegene Grube lag am Beginn einer Strömungsrinne und brachte daher den hohen Wert von v_o (Handmessung) = 0,2408 m/sec. Ob diese unterste Laichgrube auch wirklich belaicht wurde, konnte nicht gesehen werden. Die Geschwindigkeit über dem gesamten Laichplatz betrug bei Handmessung 0,127 und bei Flügelmessung 0,115 m/sec.

<u>Laichplatz bei hm 13,55</u>, unterhalb der Sohlrampe von Sperre 12 bei hm 13,68, Abb. 35, Foto 24): Die Laichplatzdurchschnittstiefe betrug 7,3 cm, die Tiefe der Laichgruben 8,0 cm. Die Wassergeschwindigkeit über dem gesamten Laichplatz ergab mit Flügel 0,221 m/sec., jene in den Laichgruben 0,178 m/sec.; die Handmessung erbrachte v_o = 0,202 m/sec.

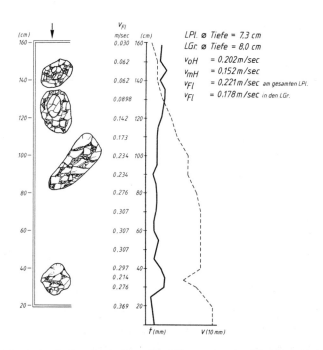

Abb. 35: Laichplatz bei hm 13,55, unterhalb der Sohlrampe von Sperre 12 mit 4 Laichgruben (Foto 24 unten).

Foto 24: Laichplatz bei hm 13,55, unterhalb der Sohlrampe von Sperre 12; r. vom Zollstab liegen 4 Laichgruben.

bzw. V_m = 0,152 m/sec. im Mittel. Die niedrigsten Geschwindigkeiten in den Laichgruben waren 0,062 und 0,0898 m pro sec., die höchste 0,234 m/sec., wobei hier darauf verwiesen werden muß, daß dort bereits wieder eine Strömungsrinne begann.

<u>Laichplatz bei hm 13,25</u>, bei der untersten Meßstelle beim Aubacherl (Abb. 36):

Dieser Laichplatz ist ebenfalls seit Jahren belaicht, hatte jedoch am 8.12.1983 5 Laichgruben. Die durchschnittliche Tiefe am Laichplatz betrug 11,3 cm, jene in den Laichgruben 11,5 cm. Hier war eigentlich nur ein umwesentlicher Tiefenunterschied vorhanden. Dies besagt, daß hier das Laichsubstrat von keinem Feinmaterial überlagert gewesen ist. Die geringste Geschwindigkeit in der Laichgrube betrug 0,159 m/sec., die höchste 0,324 m pro sec. Diese Messung lag aber nicht nur am Beginn einer Strömungsrinne, sondern auch im Randbereich der Laichgrube, da eine Messung in deren Mitte undurchführbar war. Dieser Wert wurde daher für die Mittelbildung nicht verwendet. Die Wassergeschwindigkeit betrug 0,228 m/sec. im Mittel über dem gesamten Laichplatz, in allen Laichgruben 0,192 m/sec. und bei den belaichten Gruben nur 0,162 m/sec.

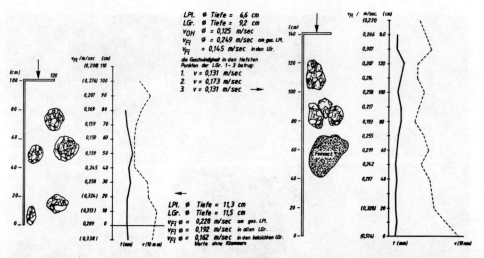

Abb. 36: Laichplatz (hm 13,25) bei der untersten Meßstelle mit 5 Laichgruben (8.12.1983).

Abb. 37: Laichplatz (hm 22,05) unter der "Grafenmühle" mit 3 Laichgruben (8.12.1983).

Laichplatz unterhalb der "Grafenmühle" bei hm 22,05, (Abb. 37, Foto 3, 13 u. 25).

Diese jährlich immer gut belaichte Stelle befand sich am Auslauf eines großen und seichten Gumpens. An seinem Rand lagerte viel feinsandiges Material. Die durchschnittliche Tiefe des Laichplatzes war 6,6 cm, jene der Laichgruben 9,2 cm. Die durchschnittliche Geschwindigkeit über den gesamten Laichplatz war mit 0,249 m/sec. sehr hoch. Die Aufnahme fand am 8.12.1983 zum Zeitpunkt des großen Kälteeinbruchs und bei extrem niedrigem Wasserstand statt. Die Geschwindigkeit in den Laichgruben lag zwischen 0,131 und 0,179 m/sec., im Mittel bei 0,145 m/sec. Die Flügelmessungen ergaben mittlere Durchschnittsgeschwindigkeiten für die vier Laichplätze von $v_{Fl\emptyset}$ > 0,1 bis < 0,3 m/sec. Die niedrigsten Geschwindigkeiten in den Laichgruben wurden mit 0,06, 0,09 und 0,10 m/sec. gemessen. Annähernd gleiche Geschwindigkeiten wurden bei dem bereits erwähnten Huchenlaichplatz in der Drau im Jahr 1982 ermittelt.

Die Untersuchungen über das Einströmen des Bachwassers im Laichplatz oder dessen unmittelbarer Umgebung in das Bodensubstrat und ein bachabwärts mögliches Austreten desselben Wassers, wie es von FROST und BROWN (1967) beschrieben wurde, konnte am Dexelbach nicht nachgewiesen werden.

Im Jahr 1982 wurden an mehreren gut belaichten und schwach bis stark durchströmten Laichplätzen mit Kaliumpermanganat Färbeversuche durchgeführt. Dies erfolgte bei hm 11,05 und beim Laichplatz im Kolk von Sperre 6 (hm 12,11) mehrmals, bei einigen anderen Laichplätzen nur einmal.

Im Bereich des stark durchströmten Laichplatzes wird auch bei bodennaher Einbringung ein Großteil des Färbemittels abgeschwemmt. Ein kleinerer Teil wurde durch die Häufchen am jeweiligen Grubenrand zurückgestaut und dann zu Boden gedrückt. Durch dieses Absinken gelangte auch etwas Farbstoff in die Interstitial-Hohlräume der obersten Substratschicht. Unterhalb des den Aufstau bewirkenden Häufchens war jedoch kein Austreten des Kaliumpermanganates zu bemerken.

Beim schwach durchströmten Laichplatz im Kolk von Sperre 6
blieb viel vom Farbstoff auf den Steinchen haften, der Rest
zog in dünnen Fahnen vom Laichplatz weg.
Diese Versuche sollten in größerem Umfang und auf anderen
Substraten wiederholt werden, um klare Aussagen treffen zu
können.

10.4 LAICHZEIT

Die Laichzeit der Bachforellen hängt im Dexelbach nicht nur
vom innerlichen Jahresrhythmus und von der Wassertemperatur,
sondern auch vom Wasserstand ab (Kap. 7.1.3). Die zeitigste
Laichwanderung beginnt in Jahren mit normalem Wasserstand im
Dexelbach und dem benachbarten Stockwinkler Bach Mitte
August (vgl. Kap. 9.3.3.7 und 7.1.2). Da der Spätsommer und
der Herbst in dieser Region meist trocken sind (Kap. 2.3), ist
der Beginn der Laichzeit von den ausreichenden Wasserständen
abhängig, die den Laichaufstieg ermöglichen. Sind diese nicht
gegeben, so kann sich das Ablaichen um Wochen verschieben,
wie dies im "Jahrhundertsommer" der Fall gewesen ist. Da
nicht alle Laichfische gleichzeitig mit ihrer Migration beginnen,
sie unterschiedlich lange Strecken wandern, ist es verständlich,
daß sich auch die Laichwanderung sowie die Laichzeit
über einen längeren Zeitraum erstreckt. Durch einen
innerlichen Jahresrhythmus, der von Umwelteinflüssen unabhängig
ist, werden die Fische im richtigen Jahresabschnitt
laichreif (FROST und BROWN, 1967). Diese Reifung der Gonaden
hängt vom physiologischen Zustand des Fisches und der hormonellen
Steuerung durch die Hirnanhangdrüse ab (vgl. 7.1.2).
Da kurz vor dem Ablaichen die Eier bereits frei in der Leibeshöhle
der Rogner liegen, wäre es denkbar, daß erst durch die
Wanderung biologische Vorgänge ausgelöst werden, die das Aufreißen
der Ovarienhäutchen bewirken und den Drang zum Ablaichen
auslösen (vgl. Kap. 9.2).
Die Wassertemperatur, bei der Bachforellen ablaichen, wird
von MARRER (1981) mit 4 bis 10°C angegeben. Andererseits führen
FROST und BROWN (1967) an, daß Bachforellen bei einem

Fallen der Wassertemperatur auf 7 bis 6°C erst mit dem Laichaufstieg beginnen. Die Wassertemperatur ist sowohl für die Laichmigration als auch für das Ablaichen sicher ein entscheidender Faktor. Doch darf sie nicht absolut gesehen werden, sondern nur relativ und in Verbindung mit den anderen Ursachen.

Da die Wassertemperatur das Ablaichen nachweislich beeinflußt, wird hiedurch eine zeitliche Verschiebung oder ein abruptes Ende der Laichzeit jederzeit möglich. Die von MARRER (1981) angegebene Schwankungsbreite der Wassertemperatur von 4 bis 10°C für das Ablaichen, wurde am Dexelbach im Jahr 1983 nach unten bis auf 2°C durch Temperaturmessungen während des Ablaichens erweitert (Kap. 7.1.3).

Am Dexelbach wurde durch genaue Beobachtungen in den letzten drei Jahren festgestellt, daß die Bachforellen zwischen der dritten Dekade des Oktobers und der ersten Dekade des Dezembers bei Temperaturen zwischen 2°C und 10°C ablaichen (vgl. Kap. 7.1.3).

Am Dexelbach ist die meiste Laichaktivität in den frühen Nachmittagsstunden zu finden. Das Laichen findet aber während des ganzen Tages statt.

Die Laichzeit der Bachsaiblinge erstreckt sich vom Oktober bis März, konnte aber am Dexelbach nicht überprüft werden.

Die Regenbogenforelle ist ein Frühlaicher. Das Ablaichen wurde am Dexelbach nicht festgestellt. Sie laicht von Dezember bis März, am zeitigsten die Exemplare des Shasta-Stammes.

Im Lichtenbuchinger Graben wurde die RB 15 am 18.10.1983 bebereits in voller Laichfarbe gefangen.

10.5 ZUSAMMENFASSUNG UND DISKUSSION DER ERGEBNISSE

Die Untersuchungen der Laichplätze fanden am Dexelbach während der Jahre 1981 bis 1983 statt und brachten überaus aufschlußreiche Ergebnisse.

Im Jahr 1981 wurden 29, im darauffolgenden Jahr 82 und im Jahr 1983 mit dem frühzeitigen Kälteeinbruch nur mehr 13 nachweislich belaichte Laichplätze gezählt und einer Auswertung unterzogen.

Ihre <u>Form</u> war zum weitaus überwiegenden Teil bei ungehindertem Platzangebot länglich-oval bis manchmal violin-förmig. Alle anderen Formgebungen hatten ihre Ursache in der Bachsohlenbeschaffenheit, den künstlichen Einbauten und dgl. zu suchen.

Die <u>Größe</u> der Laichplätze untereinander war immer sehr unterschiedlich. Dies war eine Folge der unterschiedlichen Laichfrequenz an den einzelnen Laichplätzen. Die durchschnittliche Fläche der Laichplätze betrug im Jahr 1981 0,26 m² und war damit verhältnismäßig groß, 1982 war das Flächenmittel aus 72 Laichplätzen 0,22 m² und 1983 aus 13 Laichplätzen 0,18 m².

Die <u>Wassertiefen</u> an den Laichplätzen im Jahr 1981 lagen im Mittel bei 17,7 cm einschließlich der Notlaichplätze in den Kolken. Im folgenden Jahr betrug der Gesamtdurchschnitt 17,2 cm und nur für die Normallaichplätze 8,56 cm. Die Wassertiefen in den Laichplätzen des Jahres 1983 hatten im Mittel 9,29 cm aufgewiesen. Dieser geringe Gesamtdurchschnitt hatte sich ergeben, da keine Notlaichplätze in den Sperrenkolken gefunden wurden. Die Wassertiefen wurden sehr genau ermittelt, da an fast allen Laichplätzen der Laichsaison 1983 im Staffelverfahren in 10 cm Abständen gemessen wurde.

Aus den gezeichneten Längenprofilen einiger Laichplätze ist ersichtlich, daß der Laichplatz vom Mutterfisch im flacheren ruhig durchströmten und gut belüfteten Sohlenabschnitt angelegt wird. Um an das für die Eientwicklung bestgeeignete Substrat zu gelangen, vertieft der Mutterfisch mit seiner Schwanzflosse und mit Hilfe des strömenden Wassers den Laichplatz um einige Zentimeter auf einer größeren Fläche. Kurz vor der Eiablage wird dann eine kleine Stelle des Laichplatzes nocheinmal um einige Zentimeter vertieft, wodurch die Eigrube entsteht (Abb. 13, 14, 29a und b, 34, 35, 36, 37). Ein Großteil der Laichplätze wird jedes Jahr an derselben Stelle angelegt und immer von mehreren Laichfischen belaicht.

Die Untersuchungen der <u>Kornfraktion</u> des Laichsubstrates und der Vergleich zum unbelaichten Sohlenmaterial wurde mit Hilfe eines Flächenschätzverfahrens (Flächenanteilschätzung)

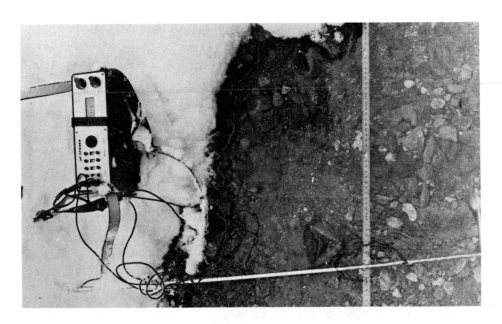

Foto 25: Laichplatz (hm 22,05) unter der "Grafenmühle" mit drei Laichgruben mit Flügel und Zählgerät (Fa. OTT) zur Geschwindigkeitsmessung.

der Steinfraktion und der Kiesfraktionen nach ÖNORM B 4412 für 72 Laichplätze durchgeführt, von 9 ausgewählten Laichplätzen und 6 unbelaichten Proben wurden ebenfalls nach ÖNORM B 4412 Sieblinien erstellt.

Nach dem Flächenschätzverfahren entfielen 46 % des Laichsubstrates auf die Grobkiesfraktion (63-20 mm) und etwa 36 % auf die Mittelkiesfraktion (20-6,3 mm).

Die Auswertung der Substratproben von belaichtem Material (Tab. 30) mit dem Sieblinienverfahren ergab, daß sowohl die Grobkiesfraktion (49,3 %) als auch die Mittelkiesfraktion (35 %) eine unerwartet genaue Übereinstimmung mit den Ergebnissen der Flächenanteilsschätzung erbrachten.

Der Feinkiesanteil lag bei der Flächenschätzung bei 7,3 % und bei der Sieblinienauswertung bei 9,7 %.

Der Steinanteil (>6,3 mm) war bei der Flächenschätzung etwas größer. Dies läßt sich aber aus der Probenwahl und dem Rüttelvorgang erklären (vgl. Kap. 10.2.2).

Zur Substratgröße am Laichplatz kann abschließend gesagt wer-

den, daß die Mutterfische das geeignete Laichsubstrat freilegen und daß dieses für alle Bachforellen im Dexelbach im Normalfall für den Grobkies (63-20 mm) zwischen 45 und 50 % Gewichtsprozentanteilen liegt, in Sonderfällen bis 55 % steigen kann. Der Mittelkiesanteil (20-6,3 mm) beträgt 35 %.
Die übrigen Korngrößenanteile verteilen sich ziemlich gleichmäßig und liegen jeweils unter 10 %.
Den Beweis für das Freilegen des Laichsubstrates durch die Mutterfische brachte das Auswerten der Körnungslinien der unbelaichten Substratproben. Es zeigte deutlich, daß die Korngröße 20-6,3 mm mit ihrem Durchschnittsanteil von 47,3 % im unbelaichten Substrat bereits größer ist als jene 35 % derselben Korngröße im Laichsubstrat. Der Feinkiesanteil ist ebenfalls im unbelaichten Substrat wesentlich größer (Tab. 30).
Die <u>Strömungsgeschwindigkeiten</u> von 59 Laichplätzen lagen bei Handmessung im Mittel bei 0,166 m/sec., knapp über den gemessenen Geschwindigkeiten in den benachbarten gleichmäßigen Strömungsbereichen der Zwischenstrecken. In den Strömungsrinnen wurden Werte von 0,20 bis 0,40 m/sec. und einige Male sogar noch etwas höhere Geschwindigkeiten gemessen.
Die Flügelmessungen brachten folgende Ergebnisse:
Die durchschnittlichen Strömungsgeschwindigkeiten an vier Laichplätzen lagen von > 0,10 bis < 0,30 m/sec., in den Laichgruben dagegen um 0,15 m/sec.; die kleinste Geschwindigkeit in einer Laichgrube wurde mit 0,06 und in einer anderen mit 0,09 m/sec. gemessen; annähernd gleiche Geschwindigkeiten, wie sie auch bei dem bereits erwähnten Huchenlaichplatz in der Drau ermittelt wurden. Die Flügelmessungen zeigten auch, daß neben dem Laichplatz sowohl höhere als auch wesentlich niederere Geschwindigkeiten auftreten können.
Die <u>Infiltrationsversuche</u> mit Farbstoff an mehreren Laichplätzen brachten keine Bestätigung für ein Durchströmen des Laichsubstrates durch das Bachwasser.
Die <u>Laichzeit</u> wurde für die Bachforelle mit Beginn der dritten Dekade Oktober bis zur ersten Dezemberdekade festgestellt.
Die <u>Tageslaichzeit</u> hatte ihren Höhepunkt am Nachmittag.

11. BEURTEILUNG VON VERBAUUNGSMETHODEN UND BAUTYPEN DER WILDBACHVERBAUUNG HINSICHTLICH DER MÖGLICHKEITEN DES ERHALTENS UND ANHEBENS DER FISCHPOPULATION BEI WAHRUNG DER SCHUTZFUNKTION.

11.1 VERBAUUNGSMETHODEN

Beim Projektieren wird auf Grund der geologischen Verhältnisse, der Erhebung des Niederschlages und Abflusses, des derzeitigen Gerinnezustandes, des Geschiebepotentials und dessen Herkunft, sowie einer Vermessung, ein Projektierungsgedanke gefaßt. Nach diesen Vorarbeiten ist im Detail zu entscheiden, welchen Verbauungsmethoden der Vorzug gegeben werden soll, um sowohl den geforderten Sicherheitsgrad zu gewährleisten sowie auch im Rahmen der Finanzierungsmöglichkeit zu bleiben.

Mit vorliegender Arbeit sollte erreicht werden, daß die Projektanten zusätzlich auf die Hydrobiologie des Gewässers vermehrt Rücksicht nehmen und geeignete Verbauungsvarianten ausarbeiten.

Da die Gemeinden als Antragsteller mit Bund und Land als Hauptgeldgeber für Verbauungen die größte Schutzwirkung mit den geringsten Kostenbeiträgen erreichen wollen, ist es für den Projektanten oft schwer, eine vielleicht etwas teurere ökologische Verbauungsvariante durchzusetzen. Im Falle einer geplanten Verbauung von Gewässern mit natürlichem Fischbestand oder solchen, bei denen dieser durch fischereibiologisch günstige Verbauungen erhöht oder erst geschaffen werden könnte, wäre es denkbar, daß anstelle der üblichen einmaligen Entschädigung für die Fischereiberechtigten diese Beträge auch für eventuelle Mehrkosten einer hydrobiologisch günstigeren Verbauung Verwendung fänden. Bei Verbauungsvorhaben, die den Ist-Zustand eines Fischwassers nachweislich verbessern oder bei Wildbachverbauungen, bei denen aus hydrobiologischer und ökologischer Sicht Bautypen mit kürzerer Lebensdauer gewählt werden, könnte auch eine Kostenbeteiligung von Fischereiberechtigten, Fremdenverkehrsvereinen und anderen Nutznießern angestrebt werden.

Eine beabsichtigte biologische Verschlechterung eines Wildbaches oder Wildflusses oder gar die Zerstörung seines Biotops durch verbauungstechnische Eingriffe ist beim heutigen Stand der Wissenschaft, der Kenntnis der Umweltökologie und der Verbauungsmöglichkeiten striktest abzulehnen. Dies wird auch kaum vorkommen. Unbewußt werden hingegen häufig Fehler begangen. Bei manchen Verbauungen könnte aber im Zuge von Erhaltungsarbeiten an eine gleichzeitige Revitalisierung dieser Gewässer gedacht werden.

Hier sollte man sich die Schweiz zum Vorbild nehmen (vgl. Kap. I, Rechtsgrundlagen).

Für das Ausarbeiten eines Projektes stehen dem Projektanten für die Verbauungsmethoden des forsttechnischen Systems folgende Möglichkeiten zur Verfügung:

1. bautechnische Maßnahmen (Quer- und Längswerke, Ablagerungsplätze, Buhnen, Entwässerungen usw.)
2. forstlich-biologische Maßnahmen (Hochlagenaufforstung, Lebendverbauung, waldbauliche Eingriffe usw.)
3. wirtschaftliche Maßnahmen (Änderung der Bewirtschaftungsformen und der Eigentumsverhältnisse)
4. präventive Maßnahmen (Gefahrenzonenplanung, Raumplanung, Gutachten, Bauauflagen)

Da im forsttechnischen System der Wildbachverbauung keine Gerinneverbauung, sondern ein flächenhaftes Behandeln und Sanieren der Einzugsgebiete angestrebt wird, sollten in diesen Projekten auch die Maßnahmen der Punkte 2 bis 4 je nach Notwendigkeit miteinbezogen werden. Die Wahl der Verbauungsmethoden im einzelnen ist funktionell davon abhängig zu machen, auf welche Weise den hydraulischen, schutztechnischen, ökologischen, wirtschaftlichen und finanziellen Erfordernissen nach ökonomischen Grundsätzen am besten entsprochen werden kann.

Als bautechnische Maßnahmen der Wildbachverbauung gibt es funktionell solche zur Verhinderung der schädlichen Geschiebedrift (Staffelungen, Konsolidierungsbauwerke, Uferdeckwerke, Buhnen und dgl.), zur schadlosen Rückhaltung von Geschiebe bzw. der kontrollierten und verzögerten Abfuhr (Retentions-, Do-

sier- und Sortiersperren, Ablagerungsplätze) und schließlich
solche mit schadloser Ableitung von Geschiebe und Hochwässern
(Schalenbauten, Sohlenpflasterungen, Staffelungen, Leitwerke)
sowie die Kombination aller dieser Methoden.
Nach der Einteilung der Wildbäche in murstoßfähige, geschiebe-
und hochwasserführende (AULITZKY, 1973), die auch als Grundlage
für die Gefahrenzonenplanung gilt, können von Fischereibiologen
gute Schlüsse gezogen werden, weil das Verhalten des Baches in
seiner Gesamtheit darin zum Ausdruck kommt.
Bei murstoß- und murfähigen Bächen, in denen sich die Ereig-
nisse innerhalb kürzerer und fast regelmäßiger Zeiträume
(< 4-5 Jahre) wiederholen und die Katastrophen den überwiegenden Teil des Gerinnes betreffen, kann sicher ohne Rücksicht auf
eine - eventuell sich zeitweise bildende - Fischpopulation
nach (hydro)technischen, schutztechnischen und ökonomischen
Grundsätzen allein verbaut werden. Auch hier besteht die Möglichkeit, daß allmählich durch bautechnische und forstlich-
biologische Maßnahmen die Murhäufigkeit vermindert oder ausge-
schaltet wird.
Erst nach Erreichen dieses Zustandes kann an einen Besatz
oder die Vermehrung der bestehenden Fischpopulation gedacht
werden. Somit könnte sich hier als Folge der technischen und
forstbiologischen Maßnahmen eine positive Entwicklung für die
Fischerei anbahnen.
Gestaffelte Gerinne werden in murfähigen und stark geschiebeführenden Bächen errichtet, um die Geschiebetransportfähigkeit
in den Flachstrecken zu erhöhen. Im verbauten Gebiet weisen
sie meist beidufrig steile Uferdeckwerke und Böschungen auf.
Bei starker Murfähigkeit und großen Fließgeschwindigkeiten in
solchen gestaffelten Gerinnen sind große Flügel unerwünscht,
da sie zu stark beansprucht würden. Für die Fische allerdings
wären sie wegen des leichteren Aufstieges bei Niederwasserführung als Folge der bewirkten Wasserkonzentration günstig.
Bei murstoßfähigen Bächen, aber auch bei kleinen Murbächen
erwartet die Wildbachverbauung nur eine unbedeutende Fischpopu-

lation, die sich nach einer Katastrophe hauptsächlich vom Vorfluter her ausbreitet und allenfalls so den Bach neuerlich besiedelt.

Wie die Untersuchungen am Dexelbach zeigten, wird der Fischbestand hier aber auch aus den obersten Einzugsgebieten wieder ergänzt, vor allem aus nicht murenden und nicht murfähigen Seitengräben. Daher wäre nicht nur der Fischaufstieg bei Absturzbauwerken in solchen Bächen zu berücksichtigen, sondern auch eine verletzungsfreie Abdrift und die dadurch mögliche Kompensationswanderung.

Als Entscheidungshilfe sollte hier jedoch ein objektiver Fischereifachmann zu Rate gezogen werden.

Bei Verbauungen in <u>geschiebeführenden Wildbächen</u> wäre das Vorhandensein einer Fischpopulation von vornherein im Planungsstadium zu berücksichtigen.

Nicht zu vergessen wäre auch auf die oft lange Ausbauzeit, da sich Großprojekte nicht in einem Zug durchführen lassen. Verbauungen erfahren oft über lange Zeiträume eine Unterbrechung und können auf diese Weise den Fischbestand beeinträchtigen.

Für eine gute Entwicklung der Fischpopulation wäre wohl ein angemessener Geschieberückhalt durch Retentionssperren eine günstige Lösung. Wird der Geschiebestauraum verfüllt, sei es durch die ständige Geschiebedrift oder Katastrophenereignisse, so geht diese Wirkung dauernd oder vorübergehend verloren.

Da Stauräume für Katastrophenhochwässer hohe Rückhaltesperren erfordern und ein einzelnes Bauwerk oft kostengünstiger herzustellen ist als mehrere, kommt es bei diesem Verbauungskonzept zu sehr großen Absturzhöhen mit den bereits mehrfach erwähnten Nachteilen.

Wo sich die Möglichkeit des überwiegenden Geschieberückhaltes im oberen Einzugsgebiet bietet und der Unterlauf mit niederen Konsolidierungssperren und Grundschwellen verbaut werden kann, trägt ein solches Verbauungskonzept viel zur Hebung des Fischbestandes bei.

Bei geschiebeführenden Bächen sind wirksame Flügel beidseitig von Abflußsektionen auch innerhalb der Staffelung möglich.

Bei sehr starkem Geschiebetrieb können sie bachaufwärts durch
Wurfsteine abgedeckt werden, um Beschädigungen vorzubeugen.
Dadurch wirken sie auch geschwindigkeitshemmend. Unter einer
derartig ausgestalteten Abflußsektion, die eine wesentliche
Verbesserung in hydrobiologischer Sicht bringt, ist jedoch die
vermehrte Kolkbildung besonders zu beachten.
Die Konzeption des dosierten Geschiebetransportes, wie dieser
für viele Vorfluter aus hydrotechnischen Gründen notwendig ist,
bringt auch für den Fischbestand Verbesserungen. Die Fische
sind keinem plötzlichen Geschiebeeinstoß mehr ausgesetzt, und
größere Bachumlagerungen finden nur mehr im Ablagerungsplatz
des Dosierwerkes statt. Unter dem Begriff des Dosierens versteht man die quantitative Abdrift zwischengelagerten Geschiebes durch das ablaufende Hochwasser und das Mittelwasser
(ÜBLAGGER, 1973). Der Fischzug wird durch ein solches Sperrenbauwerk nicht behindert, da dieses in der Mitte offen ist. Erst
die Überfallshöhen in den darunterliegenden Bachabschnitten
sind für den Fischaufstieg maßgebend (Kap. 9.3.6.3).
Verbauungsmaßnahmen mit Sortieranlagen führen zur Ablagerung
des unerwünschten Grobgeschiebes im Stauraum und daher zu
feinerem Geschiebeeinstoß in den Unterlauf, wodurch ebenfalls
eine Verbesserung für die hydrobiologischen Verhältnisse und
die Fischpopulation eintritt. Jedoch ist auch hier darauf zu
achten, daß die Ausgestaltung der bachabwärts liegenden Sperren das Hauptkriterium für den Fischzug darstellen. Bei Anwendung dieser Verbauungsmaßnahmen wäre auch aus hydrologischer Sicht zu prüfen, wie sich die Geschiebesortierung auf
das Laichsubstrat und das Benthos auswirkt (vgl. Kap. 7.6 und
10.2).
Bei den Dosier- und Sortierwerken ist die Frage der langanhaltenden Gewässertrübung durch die Spülung in ihrer Auswirkung
auf den Fischbestand noch nicht geklärt. Wildbachverbauungen
mit Dosier- und Sortiersperren erfüllen ebenso die Anforderungen moderner Geschiebebewirtschaftung wie auch des geforderten Sicherheitsgrades. Bei richtiger Dimensionierung beseitigen sie die Ursachen der Gefährdung ohne Störung des Ge-

schiebehaushaltes des Wildbacheinzugsgebietes, da sie die Geschiebedrift, die für die Gerinnestabilität der Unterläufe und Vorfluter unerläßlich ist, aufrecht erhalten (FIEBIGER, 1984).

Die Verbauung mit Konsolidierungssperren zur Hangstabilisierung und Sohlenhebung mit teilweise kleinen Verlandungsräumen bei den größeren Staffelsperren oder in Kombination mit Retentionssperren, ähnlich der Verbauung am untersuchten Dexelbach, ist in der Wildbachverbauung häufig anzutreffen. Durch Hangstabilisierung bringt sie besonders im Flyschgebiet vermehrt Sicherheit und durch den verminderten Geschiebeeinstoß auch eine Verbesserung für den Fischbestand. Durch die Schaffung tiefer und stabiler Kolke nimmt die Fischgröße im Rahmen dieser Verbauungsart sogar zu (Kap. 7.4.2.4). Durch die Verminderung des Gefälles werden die Fließgeschwindigkeiten vermindert und dadurch auch für Jungfische geeignete Biotope geschaffen (Kap. 7.4). Die Stabilität der Gewässersohle hebt die Fischpopulation zahlenmäßig und sichert sie auf Dauer, wenn die bereits angeführten Punkte eingehalten werden.

Sehr häufig werden fischereibiologische Vorteile dieser Verbauungskombination durch zu hohe Überfälle, durch Nichtbeachtung des Niederwassergerinnes, durch Abdriftschäden und dgl. leider wieder zunichte gemacht.

Diese Art der Verbauung ist in Oberösterreich sehr häufig anzutreffen, obwohl sie bezüglich der Schutzwirkung und der hydrobiologischen Funktion einer systematischen Verbauung nicht gleichzusetzen ist. Hindernisse für den Fischzug in geschiebeführenden Wildbächen entstehen sehr oft bereits bei der Einmündung in den Vorfluter. Hier wird das noch anfallende Geschiebe meist in einer Schale über eine Flachstrecke transportiert, in der durch gewollte geringe Rauhigkeit für die Fische eine zu hohe Strömungsgeschwindigkeit erreicht wird. Schalenbauweisen werden bis heute noch ohne Rastplätze und Niederwassergerinne gebaut und münden oft nicht niveaugleich ein.

Solche Schalenbauten am Schwemmkegel können für den Fischzug wie eine zu hohe Sperre wirken, wenn sie nur nach geschiebehydraulischen Grundsätzen gebaut werden. Sie können aber auch

eine Größenauslese der aufsteigenden Fische bewirken. Dies
ist ebenfalls vom fischereilichen Standpunkt aus unerwünscht.
Dammbäche, die in früheren Zeiten durch händische Bachräumung
entstanden sind, werden dann zu einem schweren Nachteil für
den Fischbestand (Kap. 7.2), wenn hier das Wasser häufig
versitzt.

Bei nur <u>hochwasserführenden Bächen und Wildflüssen</u> wird bereits heute in den meisten Fällen in mancher Form auf die
Fischerei Rücksicht genommen. Nur müßte dies in wesentlich
größerem Umfang erfolgen, denn bei dieser Fließgewässerart
steht dem Projektanten eine große Palette fischfreundlicher
Bauweisen zur Verfügung. Hier kann in den Staffelstrecken bereits ohne Bedenken eine geeignete Abflußsektion bei den einzelnen Schwellen ausgeführt werden. Dadurch wird der Fischaufstieg erleichtert, es lassen sich Ruhezonen schaffen, und
das anströmende Futter wird gleichmäßiger verteilt. Die Tosbecken können weiter ausgeformt werden, da keine Auflandungstendenzen mehr bestehen. Durch diese Maßnahme würden breitere
Kolke und sehr unterschiedliche Wassertiefen entstehen.

Die hochwasserführenden Bäche und Wildflüsse würden sich bei
entsprechender Talbreite für Wasserdosiersperren anbieten.
Da aber meist die hiefür erforderlichen großen Stauräume fehlen, wird man sich auf das Kappen der extremen Hochwasserspitzen beschränken müssen. In diesem Bereich kann mit den geringsten Kosten ein auch hydrobiologisch günstiges Ergebnis
erreicht werden. Das Verschottern der Fische bei Hochwasserereignissen fällt hier weitgehend weg.

11.2 QUERWERKE

Die Absturzbauwerke der Wildbachverbauung haben sowohl die
Aufgabe den Tiefenschurf zu unterbinden als auch den unterwühlten Hang zu stützen. Überdies beeinflussen sie auch
günstig die Geschiebeführung durch Stau, Sortieren und Dosieren und tragen so zu einer Hochwasserabfuhr bei, die keine
Schäden verursacht.

11.2.1 Konsolidierungswerke

Das sind jene Querwerke, die den Tiefenschurf verhindern, die Bachsohle heben, den unterwühlten Hang stützen und dem Bach eine Richtung geben. Die Konsolidierungswerke schaffen mittels Staffelungen für eine bestimmte Bachstrecke eine neue, meist gehobene oder zumindest stabile Sohle. Bei dieser Bauweise wird durch Abtreppung das zu hohe und daher schädliche Gefälle vermindert und durch eine neu vorgegebene Gewässerbreite die Größe der Wassertiefe und der Geschwindigkeit, die den Erosionsvorgang fördert, verkleinert.

Bei untergrabenen Hängen wird durch die Sohlenhebung mit Hilfe der Konsolidierungswerke dem Hang ein neuer Fuß gegeben, der dem natürlichen Böschungswinkel entsprechen sollte.

Nach der Funktion unterscheidet man drei verschiedene Bauwerkstypen.

11.2.1.1 Stütz- oder Sohlgurten

Ihre Kronen liegen im Sohlenniveau. Sie sollen bei steilen Gerinnebauten durch eine feste Verbindung mit dem Untergrund das Talwärtswandern des Gerinnes unterbinden und durch weite seitliche Einbindungen, die sogenannten Flügel, ein Ausufern verhindern. Durch das Fehlen eines Absturzes wirken sie hinsichtlich Aufstieg und Einstand auf den Fischbestand indifferent. Diese Bauwerke bringen jedoch durch das Fixieren von Sohle und Böschungen für das Biotop Vorteile.

11.2.1.2 Grund- und Sohlschwellen

Diese Bauwerke werden auch noch als Sohlstufen bezeichnet. Grund- und Sohlschwellen sind Absturzbauwerke, die eine senkrechte, schräge oder sinoidalförmige Gefällsüberführung kennzeichnet, wobei die Sohlschwelle sich nur wenig über das Sohlenniveau erhebt, die Grundschwelle dagegen einen Überfall bis zu 1,5 m aufweisen kann. Die Kolktiefen reichen von wenigen Dezimetern bei der Sohlschwelle bis zu einem Meter bei der höheren Grundschwelle.

Diese Bautypen werden meist in gestaffelten Gerinnen verwendet.

Würde bei diesen die Wassergeschwindigkeit durch Gefälle und Glattheit zu hoch werden, dann wird nach hydrotechnischen Überlegungen auch zur Staffelung mittels Einzelbauwerken gegriffen, die dann die Bachrichtung fixieren und in erster Linie Wasserenergie vernichten. Für die Ökologie stellt diese Bautypenverwendung mit Einzelwerken, wenn aus schutztechnischen Erfordernissen solche Verbauungsmaßnahmen ergriffen werden müssen, die dem Naturgerinne am nächsten kommende Bauweise dar. Aus diesen Gründen wird auf sie noch ausführlicher eingegangen werden.

Die niedrigeren Bauwerke sind bei Hochwasser als unvollkommene Überfälle zu betrachten, das heißt, daß das anströmende Oberwasser vom Unterwasserspiegel beeinflußt wird.

Bei rauhen Grundschwellen erfolgt die Gefällsüberführung schräg. Grundschwellen mit Überfallshöhen von etwa 1 bis 1,30 m Höhe werden von größeren Fischen mit Längen von 180 bis 210 mm noch übersprungen (Tab. 28).

Bei jedem Absturz entstehen Wirbelwalzen, die zum Schutz des Bauwerkes beachtet werden müssen. Es entsteht auf jeder Seite eine mit senkrechter Achse, da das über die Krone schießende Wasser in der Mitte eine größere Geschwindigkeit als an den Seiten hat. Diesem Angriff ist nötigenfalls mit seitlichen Deckwerken entgegen zu wirken. In der Mitte des Kolkes entstehen zwei waagrechte Wirbelwalzen, deren Drehrichtung ebenfalls entgegengesetzt verläuft. Diese Walzen wirken kolkbildend unter der Sperre. Grundschwellen beeinflussen das Naturgerinne in seiner Breite besonders stark, daher ist ein erweitertes Vorfeld anzuordnen, das abhängig von der Breite der Abflußsektion den Kolk in Tiefe und seitlicher Ausdehnung zu berücksichtigen hat. Genügend lang dimensionierte Tosbecken mit seitlich der Abflußsektion mindestens 1 m weit zurückgesetzten Böschungswangen bieten auch verbesserte Einstandsmöglichkeiten und tragen so zur Sicherung und Hebung des Fischbestandes bei (vgl. Kap. 7.6, Punkt 9). Hier kann durch Aussparung im Fundament der Wangen oder dem Einbau von schräg abwärts gerichteten Betondrainagerohren die Einstands- und

Unterstandsmöglichkeit bei Hochwässern verbessert werden.
Wenn die Gerinnesohle aus Gründen der Schleppkraft gleich breit bleiben muß oder seitlich kein Platz vorhanden ist, dann muß ein schräger oder senkrechter Dreiecksverzug, eine gesattelte Innenböschung und dgl., eine schräge Gefällsüberführung oder eine Sinoidalschwelle vorgesehen werden (letztere wird als eigener Punkt behandelt).

Bei bogenförmigen Grundschwellen entsteht besonders bei Niederwasser ein günstiger Konzentrationseffekt. Dies gilt auch noch bei durchgehend waagrechter Krone einer solchen bogenförmigen Schwelle.

Grundschwellen können die Zuführung des Grundwasserbegleitstromes bewirken oder verhindern (vgl. Kap. 4.3, Punkt 5).
Die stabilen und großen Kolke erhöhen die Tiefenheterogenität des Gerinnes, verbessern den Einstand und das Größenwachstum der Fische (Kap. 7.4.2.4, Tab. 19a und b, Abb. 21, 22, 23, 24 und 25). Der Vergleich zwischen Auflandungsbereich und Mittellaufstaffelung brachte für letztere eine um 1,4-fach höhere Fischdichte als auch die 1,7-fache Biomasse (Kap. 7.4.2.4).
Die geringe Besiedlung von Benthosorganismen im kaum strukturierten Auflandungsbereich im Gegensatz zum verbauten Abschnitt oder zu der stark strukturierten Schluchtstrecke zeigt deutlich die hydrobiologische Verbesserung durch die Kolke.
In den Kolken liegen auch die Individuenzahlen wesentlich über jenen der Zwischenstrecken (Abb. 11), da sich dort viele kleine und junge Bachinsekten im Larvenstadium aufhalten, während die größeren in die stärker durchströmten Zwischenstrecken abwandern, wo auch die großen strömungsliebenden Arten anzutreffen sind. Die höchsten Biomassen sind jedoch in der am besten strukturierten und unverbauten Schluchtstrecke zu finden (Kap. 5.3).

Weitere Vorteile bringen Kolke gegenüber schlecht strukturierten Bachabschnitten als Refugien bei Hochwasser (Schutz gegen Abdrift), in Trockenzeiten und bei Aufeisung durch einen entsprechenden Überfall (Kap. 4.3, Punkt 6 und 7) sowie durch Sauerstoffeintrag. Durch die Strömungsverringerung verbrauchen die Fische weniger Energie, und das Futter wird gleichmäßiger verteilt.

11.2.1.3 Konsolidierungssperren

Sie haben dieselbe Funktion wie die Grundschwellen. Da diese Bautype aber erst ab einer Höhe von 1,5 m beginnt und bis 7 m reicht, ist ihre Wirkung wesentlich größer als bei der Grundschwelle. Da sie mit ihrer Überfallshöhe dort ansetzen, wo nach den Versuchen im Dexelbach ungefähr die biologische Leistungsgrenze des Aufstieges für Bachforellen bei Nieder- und Mittelwasser liegt, sind sie aus der Sicht der Hydrobiologie natürlich nicht mehr erwünscht so wie die kleinere Grundschwelle.

Durch die Abtreppung wird der Grundwasserstand angehoben und die Luftbeimischung des Wassers stark erhöht, was jedoch nur in Unterläufen und bei schlechter Wasserqualität sowie bereits starker Eutrophierung bedeutend ist. Die hydrotechnischen Maßnahmen und die hydrobiologischen Veränderungen durch diese Sperrenbauten sind ähnlich den in Punkt 11.2.1.2 beschriebenen. Hiezu kommt der vollkommene Überfall und das Verhindern des Fischzuges.

Abflußsektionen verbessern bei Berücksichtigung des Niederwassers den Fischaufstieg. In der Wildbachverbauung wird aus schutztechnischen Gründen die Abflußsektion meist nur auf Hochwasser dimensioniert, auf Normal- und Niederwasserstände wird kaum Rücksicht genommen. Diese letzteren wären aber besonders bei Flyschwildbächen und ihrer großen Wassermengen-Amplitude zwischen Hoch- und Normal- bzw. Niederwasser zu beachten, denn das Ausbreiten des Niederwassers auf eine zu breite Sohle verringert das Biotop der Fische, beeinträchtigt das Benthos und trägt überdies zur hydrotechnisch unerwünschten Auflandung bei.

In solchen Fällen ist das Unterlassen einer zusätzlichen Niederwasserdimensionierung von Abflußsektionen und Gerinnen hydrobiologisch und technisch ein schwerer Fehler, der leider sehr häufig bei Wildbachgerinnen im Flysch festzustellen ist.

Abflußsektionen sollten aber auch bei anderen Wildbachtypen

und Verbauungsarten modifiziert werden, wenn kein hydrologischer Nachteil daraus erwächst, fischereibiologisch jedoch ein Vorteil entsteht. Beim Ausgestalten der Abflußsektion für einen Niederwasserabfluß kann noch auf Beschattung und eventuell auf die Sicherung des Außenbogens Rücksicht genommen werden.

Vorschläge zur Modifikation der Abflußsektionen auf eine zusätzliche Niederwasserführung ohne den Hochwasserabfluß dadurch zu beeinträchtigen (Abb.38):

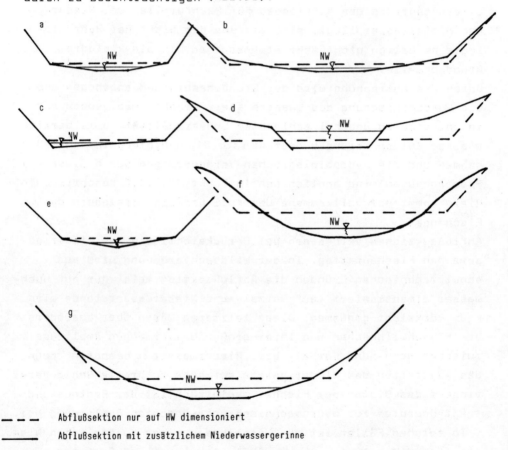

– – – Abflußsektion nur auf HW dimensioniert
——— Abflußsektion mit zusätzlichem Niederwassergerinne

Abb.38: Abflußsektionen mit zusätzlichem Niederwasserprofil.

Bei Absturzbauwerken, bei denen ein Fischaufstieg noch möglich ist, wo sehr geringe Niederwasserstände zur Zeit der Laichwanderung auftreten, sollte die Krone bachaufwärts ein geringes Gegengefälle aufweisen, damit die Fische dort beim Aufsetzen am Ende des gelungenen Sprunges genügend Wasser vorfinden und sich daher nicht verletzen. Wo der Anzug des Bauwerkes aus statischen Gründen flach ist, müßte die Abflußsektion genügend weit auskragen, damit das Wasser des Überfalles nicht an der Luftseite des Bauwerkes aufschlägt und dadurch einen Fischaufstieg unmöglich macht oder abdriftende Fische verletzt.

Alle drei Werkstypen (Stütz-, Grundschwelle und Konsolidierungssperre) weisen dieselbe funktionale Wirkung auf. Die Bauwerke können aus verschiedenem Baumaterial hergestellt werden. Ursprünglich wurden vor allem die Grundschwellen und kleineren Sperren in ein- und doppelwandiger Steinkastenbauweise errichtet, da diese Baumaterialien aus dem Wald und dem Bachbett schnell und billig beschafft werden konnten. Die Arbeiter waren mit diesen Materialien immer schon vertraut, und bei Katastrophenfällen mußten nicht erst lange Wege für den Materialtransport gebaut werden.

Die Steinkasten- oder Krainerwandbauweise zählt neben der Trockenmauer zu den ältesten in den Alpen verwendeten. Wie nachgewiesen werden konnte, wurde sie bereits bei der Verbauung der Weißlahn in Brixen um etwa 1500 verwendet (AULITZKY, 1983). Später wurde sie im Herzogtum Krain, dem heutigen Slowenien, weiterentwickelt und am Anfang der österreichischen Wildbachverbauung nach den schweren Katastrophen von 1884 sehr zahlreich verwendet.

Da die Lebensdauer dieser Bauwerke je nach Holzart, Schlägerungszeit, Bearbeitung, Besonnung und dgl. verschieden lang ist, aber wesentlich kürzer als die moderner Baumaterialien, und die Bauwerkshöhen beschränkt und daher die Kosten gegenüber vergleichbaren Großsperren sehr hoch sind, wird diese Bauweise nur mehr sehr selten verwendet, obwohl sie sich dem Landschaftsbild sehr schön einfügt.

Die Verwendung der Trockenmauerbauweise in der Wildbachverbau-

ung stammt aus Oberitalien; sie ist sehr dauerhaft.
Anwendung findet die Steinkastenbauweise heute hauptsächlich nur mehr bei kleinen Runsen, bei nachgiebigem Untergrund und nach Katastrophen.
Wird diese Bauweise, die sehr elastisch ist, heute angewandt, so sollten die hiefür verwendeten Rundhölzer vor dem Einbau imprägniert werden. Dies kann jedoch für die Fische eine Gefahr bedeuten.
Die Imprägnierung kann im unwegsamen Gelände sofort nach der Schlägerung mit Pastenpräparaten erfolgen, die durch Diffusion in das Holz eindringen. Der Fixierungsvorgang dauert mindestens 12 Wochen. Die zweite Methode, die für die Wildbachverbauung im unwegsamen Gelände noch Bedeutung hat, ist das Bohrlochverfahren. Bei diesem werden 10 mm große und etwa 8 cm tiefe Löcher in das Holz gebohrt. Diese Öffnungen werden mit einer Salzpatrone gefüllt. Der Abstand ist so zu wählen, daß 6 kg Salz pro Festmeter in das Holz gelangen. Diese Methode, die nur bei feuchtem Holz anwendbar ist, kann auch zur Nachbehandlung von bereits stehenden Verbauungen verwendet werden (HOFMANN, 1973). Bei diesen beiden Verfahren besteht aber durch Ausschwemmung giftiger Salze Gefahr für die Fische und die übrige Tierwelt.
   Bei den verschiedenen modernen Tränkverfahren, die in Großanlagen verwendet werden, erscheint dieser Faktor nicht so schwerwiegend, da viele Imprägniermittel nicht oder nur in sehr geringem Maß auswaschbar sein sollen. Trotzdem sollte eine mögliche schädliche Auswirkung auf Fische und andere Tiere geprüft werden.
Da die Steinkastenverbauung am Dexelbach, die aus Fichtenholz errichtet wurde, mit Ausnahme einzelner Flügel dreißig Jahre gehalten hat und von anderen Bauwerken aus Lärche eine volle Funktionsfähigkeit bis zu fünfzig Jahren mehrmals nachgewiesen wurde (pers. Mitt. unter anderem von ZEDLACHER, 1984), so könnte diese Baumethode verbessert wieder öfter verwendet werden.
Auf Grund gewisser Erfahrungen würde die dauerhafte Imprägnierung der Flügel allein und der Schutz der Krone gegen mechanischen Abrieb die Lebensdauer wesentlich verlängern.

Diese bis in die Fünfziger Jahre dieses Jahrhunderts häufig
verwendete Bauweise brachte dem Fischbestand viele Vorteile:

Die Schwerböden boten den Fischen einen guten Unterstand,
besonders bei Hochwasser. Jungfische konnten an Stellen des
Schwerbodens und zwischen den Querstämmen Schutz finden. Die
Werke innerhalb der Staffelstrecken waren meist nicht sehr
hoch, sodaß sie von den aufwärtswandernden Fischen noch überwunden werden konnten, da stabile und tiefe Kolke vorhanden
waren. Die Verbauung des Dexelbaches in den Jahren 1951 bis
1954 und 1958 wurde überwiegend in dieser Steinkastenbauweise
ausgeführt (Kap. 2.7.). Die niedrigen Sperrenhöhen der Krainerwandbauweise waren allerdings bestimmt nicht aus Rücksicht
auf die Fischpopulation so gebaut worden, sondern dies war
eher ein zufälliges Nebenresultat.

Da der oberste Kronenbaum der Sperren rund ist, fügen sich
die aufsteigenden Fische bei der Landung nach ihrem springend-
schwimmenden Aufstieg keine Verletzung zu. Bei einwandigen
Sperren sind die Fische auch sofort im tieferen und ruhigeren
Wasser.

Nachteile konnten an der Verbauung im Dexelbach nur in zu
großen Überfallshöhen, zu breiten Kronen, zu wenig tiefen
Einbindungen der Bauwerke, in den beschränkten Möglichkeiten
hinsichtlich der Herstellung eines Niederwassergerinnes und
in einer eventuell schlechten Bauausführung gefunden werden.
Dazu gehört der zu flache Anzug bei einigen Sperren, sodaß
Fische bei Fehlsprüngen oder bei der Abdrift auf Querbäume
im unteren Bauwerksbereich aufschlagen, wie dies bei Niederwasser am Dexelbach bei einer Grundschwelle festgestellt werden konnte.

So praktisch die seitlich der Abflußsektion vorstehenden Zangen für den Fischer beim Überklettern der Sperren sind, so
können sie innerhalb derselben die abgedrifteten oder zurück-
fallenden Fische verletzen.

Da die Steinkastenbauweise das Fischbiotop sehr günstig beeinflußt, sich diese Verbauungsart dem Landschaftsbild sehr gut
einfügt, wäre diese Bauweise auch aus Gründen der Arbeitsplatz-

299

sicherung wieder etwas zu beleben.

Da am Dexelbach und in vielen anderen Teilen Oberösterreichs und Salzburgs derartige Verbauungen bestehen, sie sehr fischfreundlich sind und selbst für kleinere Einbauten in Fischgewässer von privater Hand als Vorbild dienen könnten, wurde gerade diese Baumethode sehr ausführlich behandelt.

Alle Arten von Grundschwellen, die im Detail nach den oben ausgeführten Vorschlägen gebaut werden, sind zweifellos positiv für den Fischbestand eines Baches zu werten und bringen in vieler Hinsicht selbst gegenüber dem Naturgerinne Vorteile.

Von den außerhalb der üblichen Form liegenden Bauten wäre noch die Prügelsperre von ISSER zu erwähnen. Sie ist in Folge der völligen Verhinderung des Fischaufstieges aber abzulehnen; dies gilt auch für die Bedielung der Kolke von Steinkastengrundschwellen und niederen Sperren, die früher mitunter so abgesichert wurden.

Diese Bedielung brachte zwar gute Fischeinstände, verhinderte aber den Aufstieg völlig.

Die Rauhbaumschwelle wäre dagegen wieder fischfreundlich zu beurteilen, wenn der Kolk entsprechend tief gestaltet würde.

Die Baumaterialien und ihre Auswirkungen auf den Fischbestand:

Wie bereits ausführlich diskutiert, haben Holzbauweisen bei richtiger Anwendung einen günstigen Einfluß auf den Fischbestand. ZMMW- und Betonbauweisen haben die Vorteile, daß sie durch die Dichte des Baumaterials zur Wasserkonzentration beitragen, einen steilen Anzug an der Luftseite besitzen und die Kronenausmuldung leicht durchführbar ist. Eine bergseitige Neigung der Krone, eine Abrundung der Vorderkante sowie eine eventuell erforderliche Auskragung wäre leicht herzustellen. Auch glatte Wände können unter Wasser mit Nischen, mit Betonrohren (HEUMADER, 1978) oder sogenannte Blinddolen (FORSTNER, 1981) als Fischeinstände versehen werden.

Drahtschotterbauweisen werden meist in trockenfallenden Jungschuttbächen, bei denen kantiges und verwitterungsbeständiges

Klaubsteinmaterial vorhanden ist, errichtet oder im feuchten
Rutschterrain. In Gewässern mit hohem Abfluß sollten sie aus
bautechnischen Gründen nicht als Querwerke verwendet werden.
Sie haben überdies den Nachteil, daß sie durch das Drahtge-
flecht und das kantige Füllmaterial zu schweren Verletzungen
der Fische führen können, daher sollten sie ohne Verkleidung
der Abflußsektion nicht gebaut werden.

Trockenmauern sind günstig, aber als Neubau kaum mehr anzutreffen.

Fertigteilbauweisen finden heute bereits häufig Anwendung.
Bei ihnen ist darauf zu achten, daß der luftseitige Anzug
nicht zu flach wird. Die scharfen Kanten an der Krone sollten
beseitigt werden, wozu an die Lieferfirmen mit entsprechenden Ausformungswünschen heranzutreten wäre. Auch eine nieder-
wassergünstige Abflußsektion wäre auszuführen.

11.2.1.4 Sinoidalschwellen

Die Sinoidalschwelle ist eine Sonderform der Grundschwelle,
die sich aus den Triftwehren entwickelt hat. Sie wurde in
der Wildbachverbauung sehr häufig bei geringem Höhenfreiraum
zur Überwindung von Gefällsbrüchen und zum Geschiebetransport
verwendet, da sie mit einer anschließenden Schale und niede-
rem Rauhigkeitsbeiwert für gute Beschleunigung sorgte.
Sie überführt den Gefällsbruch ohne Energieverlust. Heute
wird sie noch in Kurorten wegen des geräuscharmen Abflusses
verwendet. Durch die hohen Wassergeschwindigkeiten (Stockwinkler Bach bei Niederwasser v_m = 2,7 bis 3,2 m/sec. in der
Strömungsrinne) war man der Meinung, daß sie für den Fischaufstieg unüberwindbar seien.

Bei Betrachtung der Sprintgeschwindigkeiten nach BAINBRIDGE
(1962), der nach Messungen und seiner Faustformel (10.L/sec.,
L = Länge in cm) für eine 300 mm lange Bachforelle 3 m/sec.
angibt, für die Dauer von 2 Sekunden jedoch nur mehr eine von
2,4 m/sec., erscheint es fast unglaubwürdig, daß die Bachforellen, wie dies meine eigenen Beobachtungen zeigten, Höhenunter-
schiede von 1 m überwanden. Bei kurzen Hochleistungssprinten
müssen jedoch höhere Werte erreicht werden. Wie die Beobach-

tungen am Stockwinkler Bach zeigten, bringt die rein schwimmende Aufstiegsform überraschend hohe Werte (Kap. 9.3.3.6). Weitere Untersuchungen sollten aber auf diesem Sektor noch durchgeführt werden, damit man sich an die Grenzhöhe herantasten kann. Es zeigte sich auch, daß Forellen die Sinoidalschwelle ohne Startkolk überwinden können. Lange Schalenbauten, noch dazu ohne Raststrecken, dürfen jedoch nicht anschließen.

11.2.1.5 Sohlrampen (Blocksteinrampen)

Sie werden in Bächen und Flüssen des Voralpengebietes und Hügellandes verwendet. Es soll trotz kleinen vorhandenen Gefälles die Schleppkraft durch eine weitere Gefällsverminderung verringert werden.

Blocksteinrampen werden aus grobem Blockmaterial verlegt, weisen eine muldenförmige Krone auf und sind auch bachabwärts gekrümmt. Entwickelt wurden sie in Oberösterreich von WALTL und SCHAUBERGER (1957). Sie bieten sehr gute Fischeinstände, wie dies die E-Befischungen am Dexelbach zeigten (Kap. 7.5.1, Abb. 25). Sie sollen aber möglichst nicht aus scharfkantigen Blöcken verlegt werden, um die Verletzungsgefahr bei der Abdrift zu vermeiden. Auch an die Absturzbauwerke sollen sie nicht direkt anschließen, da dadurch eine ungewollte Wasserbeschleunigung erreicht wird (RUF, 1983) und abdriftende Fische schwer verletzt oder getötet werden können.

11.2.1.6 Spezielle Fischunterstandsbautypen

Es gibt viele Arten von niederen Schwellen und diversen Bauweisen, die eine besondere Fischfreundlichkeit auszeichnen. Einige dieser Bautypen werden anschließend angeführt:
Niedere, ein- oder doppelwandige Steinkastenschwellen mit Fischeinstand:
Hier wird zwischen den beiden Querbäumen ein etwas größerer Abstand im Bereich der Zangen belassen wie bei den üblichen Steinkästen. Dieser Abstand wird teilweise mit runden Füllhölzern, die mit Schlachtnägeln befestigt werden, ausgefüllt. Den freibleibenden Raum können die Fische als Einstand ver-

wenden. Damit dieser Zwischenraum nicht von hinten mit Material der Bachsohle verfüllt wird, ist er mit starken Pfosten oder Halbrundlingen abzudecken. Das Bauwerk wird vorn durch Pfähle und hinten durch Wurfsteine gesichert (Abb. 39).

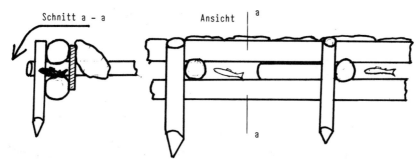

Abb. 39: Niedere Steinkastenschwelle mit Fischeinstand.

Absturzbauwerk mit "Laubengang" als Fischunterstand (AMT FÜR GEWÄSSERSCHUTZ UND WASSERBAU, KANTON ZÜRICH, 1981).

Auf ein Betonfundament, das mit einer Rückwand versehen ist und an der Vorderseite eine aufgestellte Stein- oder Betonplatte als Aufleger hat, wird eine Steinplatte mit wasserseitiger Neigung aufgesetzt, deren Vorderkante abgerundet ist (Abb. 40).

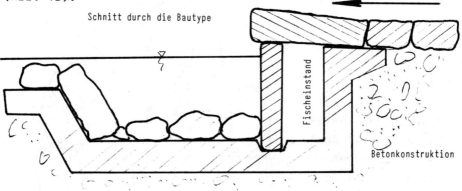

Abb. 40: Absturzbauwerk mit "Laubengang" als Fischunterstand.

Verhängter Schwerstein auf Querstamm:
Diese Schwersteine werden über die ganze Bachbreite verlegt, zur Sicherung können noch Schienen bachabwärts eingeschlagen werden. Diese Bauweise kann auch in Verhängmauerwerk ausge-

führt werden (Abb. 41). Günstig ist es
noch, wenn mit Pfosten eine Abflußsektion
ausgebildet wird.

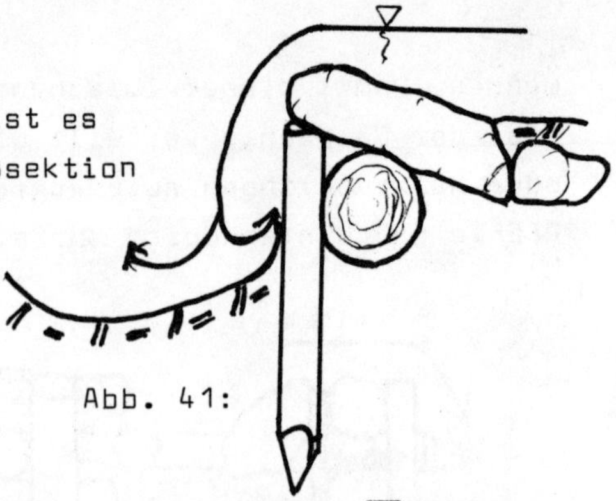

Abb. 41:

Spundgurte mit Schwersteinkrone:
Kann gerade oder gekrümmt ausgeführt
werden. Es können auch Eisenbahn-
schienen Verwendung finden. Ein leichte
Ausmuldung, die hier leicht herzustellen
ist, wäre für den Aufstieg der Jungfische günstig (Abb. 42).

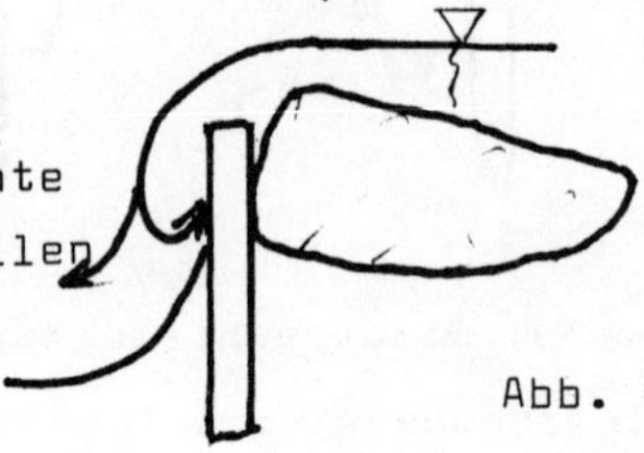

Abb. 42:

Pfahlgurte mit Querstamm (Stämmen):
Die Sicherung durch die Pfahlreihe kann
auch durch Eisenschienen übernommen werden.
Seitliche Einbindungen für ein Niederwassergerinne wäre wünschenswert (Abb. 43).

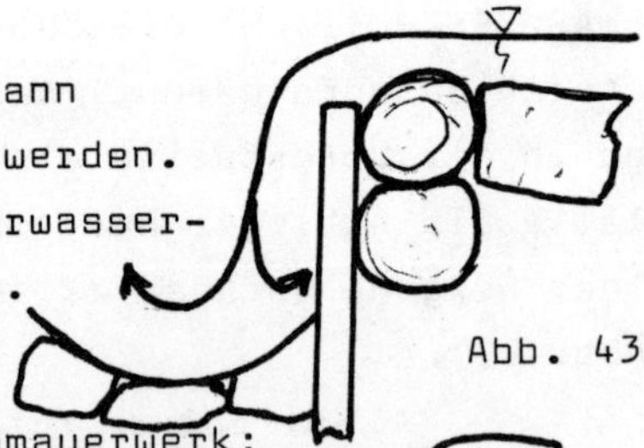

Abb. 43:

Gurte aus Schwersteinen oder Verhängmauerwerk:
Die Krone sollte aus-
gemuldet und an den
Ufern bachabwärts
vorgezogen werden,
um eine Niederwasser-
konzentration in Bach-
mitte zu erreichen (Fischaufstieg), siehe Abb. 44.

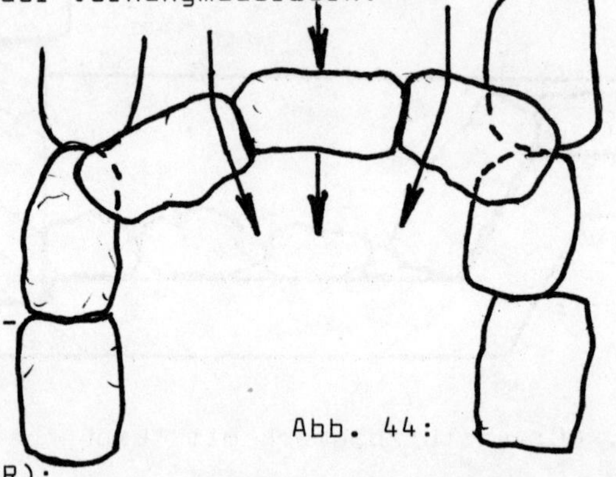

Abb. 44:

Doppelstammgurte (FORSTNER):
Doppelstamm mit bachabwärts vorgezogenem
Querstamm bietet sehr guten Einstand. Die
Stämme müssen aber an den Seiten sehr gut
eingebunden werden.

Dreistammgurte:
Hier ist der obere Querstamm besser abgestützt als bei der Doppelstammgurte; die Gurte ist aber kein guter Einstand und auch für den Aufstieg nicht so günstig.

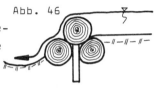

Abb. 46

Hohe Steinkastengrundschwelle:
Hier wird im Kolkwasserbereich ein vorderer Querstamm um eine Baumstärke nach hinten versetzt und durch zwei oberhalb und unterhalb liegende Stämme abgestützt. Der dadurch luftseitig gewonnene Raum wird mit kürzeren Stämmen als Distanzholz ausgefüllt, und der Freiraum dient als Fischeinstand. Auch im Bereich des Schwerbodens sind Fischunterstände vorhanden (Abb. 47).

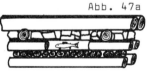

Abb. 47a

Detailansicht

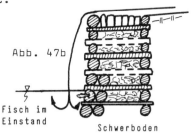

Abb. 47b

Fisch im Einstand

Schwerboden

Grundschwelle aus Beton oder ZMMW-Bauweise:
Abgerundete und ausgemuldete Krone, überwindbare Absturzhöhe und der Einbau eines künstlichen Fischunterstandes kennzeichnen diese Bautype. Für den Fischeinstand sollten Rohre wegen der Kraftübertragung im Mauerwerk verwendet werden (Abb. 48).

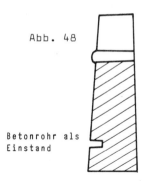

Abb. 48

Betonrohr als Einstand

Doppelstammgurte mit und ohne Verhängmauerwerk:
In der Steiermark häufig verwendete Bautype (Moderbach). Diese Bautype ist sehr stabil (Abb. 49).

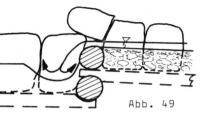

Abb. 49

Schemelwehrartige Grundschwelle (WEBER):
Anwendung nur in hochwasserführenden
Bächen. Diese Bautype ist
für Bachableitungen sehr
gut geeignet; früher
häufige Verwendung.
Bildet sehr guten
Fischunterstand aus,
Aufstieg jedoch nur
bei entsprechender
Wasserhöhe möglich
(Abb. 50).

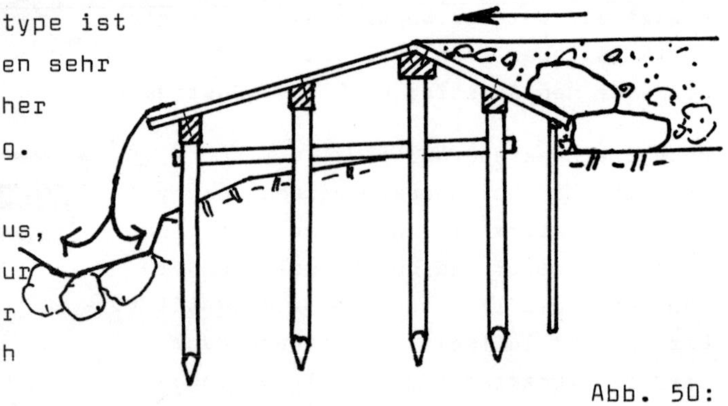

Abb. 50:

Wehrbauten:
Sind auch heute noch in stark wasserführenden Wildbächen und
Wildflüssen anzutreffen. Im Zusammenhang mit Verbauungsfragen
und Wehranlagen verweise ich auf "Wehre - Fischaufstieg - zusammenhängendes Gewässersystem?" (TRINKL, 1983).

Kaskadenschwellen:
Sind eine langezogene Abstaffelung mit mehreren Schwellen. Sie
passen sich sehr gut dem Bachverlauf an und wirken im Landschaftsbild sehr gefällig; zusätzlich bringen sie viel Sauerstoff ein. Diese Bautype kann aus verschiedensten Materialien
hergestellt werden.

Die hier aufgezählten Bautypen sind nicht vollständig angeführt, sondern nur einige sehr typische und häufig verwendete
wurden herausgegriffen. Es sollte dadurch auch eine Anregung
für den Planer geschaffen werden, hier schutztechnisch und
fischereibiologisch sowie wirtschaftlich günstige Baumethoden
selbst zu entwickeln.

11.2.2 Rückhalte- oder Retentionssperren

Sie dienen dem Geschieberückhalt, bevor das Geschiebe noch Schaden verursachen kann, wie dies auch die hohen Sperren im Dexelbach im Jahr 1977 bewirkten. Früher wurden sie an Engstellen
oder in Schluchten errichtet, hinter denen sich ein weiter

Verlandungsraum anbot. Nach der Verlandung, sei es durch Katastrophenereignisse oder durch die Geschiebefracht, blieb nur mehr die Wirkung eines Bremseffektes und der Energievernichtung durch den Absturz erhalten. Sie bringen der Geschiebeführung im Unterwasser zeitweise Beruhigung und dadurch auch den Fischbestand Vorteile, unterbinden jedoch den Fischaufstieg völlig.

Aus diesen Sperren entwickelten sich über großdolige Bauwerke, die bereits eine geringe Geschiebeabdriftung ermöglichten, die heutigen Bautypen der kronenoffenen Dosier- und Sortiersperren.

11.2.3 Dosiersperren

Die dosierte Abdrift des zwischengelagerten Geschiebes aus dem Stauraum durch ablaufende Hoch- und Mittelwässer kann nur erfüllt werden, wenn diese den Sperrenkörper möglichst ungehindert durchfließen können. Das Dosierwerk muß einen Großteil des Geschiebes während des Hochwassers zurückhalten können und diesen nach kurzer Zwischenlagerung entweder noch mit dem fallenden Hochwasser oder sonst erst mit dem nachfolgenden Mittelwasser abspülen lassen. Um den Spüleffekt dieser Bauwerke zu ermöglichen, sind sie in der Bauwerksmitte meist bis zum Fundament offen und daher für den Fischzug normalerweise kein Hindernis.

11.2.4 Sortiersperren

Unter Sortieren versteht man das Ausfiltern und Ablagern unerwünschten Grobgeschiebes (KETTL, 1973). Bei dieser Sperrentype müssen die Stauräume so groß sein, daß sie sich bei einer Katastrophe nicht zur Gänze verfüllen, bevor eine sortierende Wirkung einsetzen kann.

Die Dosier- und Sortiersperren, die beide nach ihrer Funktion zu den Entleerungssperren gezählt werden, können sehr wirkungsvoll mit Murbrechern oder Wildholzrechen kombiniert werden. Nach der Unterteilung von der Konstruktion her gliedern sich diese offenen Sperren (Schlitzsperren) nach ZOLLINGER (1983) in die eigentlichen Schlitzsperren, in Balken-, Rechen-,

Leiter- und Christbaumsperren. Alle hier angeführten haben
eine mehr oder weniger schmale Abflußsektion. Dadurch ist der
Fischaufstieg bei Niederwasser begünstigt.
Bei den Konstruktionstypen der Pfeiler- und Gittersperren
(einschließlich der Netz- und Gitterkastensperren) ist die Abflußöffnung so breit, daß bei Niederwasser keine Konzentration
eintritt, jedoch nicht völlig ausgeschlossen ist. Da hier die
Absturzhöhen allgemein klein sind, wirken sich diese Bautypen
für den Fischaufstieg günstiger aus als die fast immer zu hohen Retentionssperren und meist auch viele Konsolidierungssperren.
Aber auch bei offenen Sperren kann der Fischaufstieg unter Umständen durch einen zu hohen Überfall von der Schlitzunterkante zum Unterwasser, durch eine zu hohe Vorsperre (Foto 28)
und/oder durch eine daran bachabwärts anschließende Schale,
die keinen Startkolk besitzt, beeinträchtigt oder sogar verhindert werden. Ebenso können verschiedene Zusatzbauten zum
Wildholzfang oder zur Wildholzsortierung an der Wasserseite
aufstiegshemmend wirken.
Werden jedoch bei kronenoffenen Sperren diese beschriebenen
migrationshemmenden Nachteile nicht ausgeführt, dann sind
diese Bauweisen für einen leichteren Fischaufstieg günstig
(vgl. Kap. 7.6, Punkt 7 und Punkt 1).
Bei der Dosiersperre dürfte keine Beeinträchtigung des Laichsubstrates eintreten, während hingegen eine unerwünschte
Korngrößenänderung bei den Sortiersperren für das Laichplatzsubstrat und im Endeffekt für die Eientwicklung und für die
im Interstitial lebenden Benthosorganismen die Folge sein
könnte. Untersuchungen in dieser Richtung sollten ebenso
durchgeführt werden wie jene über die verlängerte Wassertrübung bei der Geschiebe- und Feinmaterialabdrift.
Da die Durchflußöffnungen meist auf die Mittelwasser und kleineren Hochwasserabflüsse dimensioniert werden, ergibt sich
hier zusätzlich bei Niederwasser eine günstige Wasserkonzentration. Ausmuldungen im Abflußbereich wären nur bei Sperrentypen mit nach unten sich erweiternden Dolen oder bei offenen

Sperren vom Konstruktionstyp der Pfeiler- und Gittersperren
erforderlich.

11.3 LÄNGSWERKE

Längswerke dienen der Bekämpfung des Seitenschurfes, zum Abstützen von Böschungen und Blaiken, zum Verhindern von Bachausbrüchen oder auch zur Lagefixierung des Bachbettes.
Zu den Längswerken zählen:
Leitwerke in den verschiedenen Ausführungen, Böschungspflaster, Runsenausbuschungen, Schalen, Buhnen und dgl.

11.3.1 Leitwerke

Leitwerke sollten hauptsächlich an den Bogenaußenseiten verwendet werden, damit an der Innenseite die für den Fischbestand notwendige Geschwindigkeits- und Tiefenheterogenität erhalten bleibt. Um den Geschwindigkeitsunterschied zur Innenböschung etwas zu mindern, sollte die Bogenaußenseite eher rauh sein; es kann auch durch Steinwürfe oder Steinschlichtungen oder bei Leitwerken mit Vorwurfsicherungen eine Geschwindigkeitsverzögerung erreicht werden.
Folgende Baumaßnahmen kommen in Frage:

11.3.1.1 Ufermauern

Hier kann nur durch Vorfeldsicherungen, Rauhigkeit der Wandung und durch den Einbau von Betonrohren, die mit ihrer Öffnung bachabwärts gerichtet sind, eine begrenzte fischereibiologische Verbesserung erreicht werden. Aus eigenen Beobachtungen wurde festgestellt, daß Betonrohre als Einstand von Fischen bei Leitwerken schlecht angenommen werden. Ufermauern sollten nach Möglichkeit nur am Prallufer gebaut werden, um den Fischen bei Hochwasser ein Ausweichen auf das flache und langsamer überströmte Innenufer zu ermöglichen. Die Einbringung der Grobsteine vor dem Leitwerk bringt den Fischen einen gewissen Ersatz für das verlorengegangene Bachufer und dem Leitwerk einen Schutz gegen Unterkolkung. Die Grobsteine können frei verlegt oder bei stärkerer Erosionswirkung auch in Verhängbauweise ausgeführt werden. Die früher verwendeten pilotierten Senkfaschienen oder der pilotierte Grobsteinvorgrund brachten den Fischen gewisse Einstandsmöglichkeiten, werden aber heute kaum mehr verwendet.

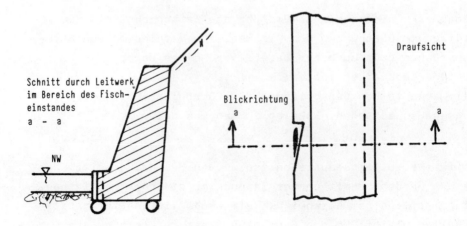

Abb. 51: Vorschlag für Ausbildung von Fischeinständen

Im Fundament ausgeparte Nischen schwächen das Bauwerk und werden häufig zugeschottert. Es wäre zu prüfen, ob dagegen in einem stark vorspringenden Fundament, wo keine Bauwerksschwächung mehr eintritt, die Nischen so angelegt werden können, daß sie über die ganze Fundamenthöhe seitlich scharfkantig einspringen und bachabwärts wieder verlaufend zurückführen (Spüleffekt; Abb. 51).

Fischeinstandsmöglichkeiten bieten auch gelegentlich die Roste von Ufermauern, wenn sie teilweise freigelegt sind.

Harte Ufermauern sollten nur bei funktional notwendigem Schutzerfordernis angewandt werden, da sie den Fischbestand verringern und auch dem Landschaftsbild abträglich sind.

11.3.1.2 Uferdeckwerke

Sie werden bei flacheren Böschungen (1:1,5 bis 1:2), zu hohen Wassergeschwindigkeiten und erodierbarem Erdreich verwendet. Die Uferdeckung erfolgt durch Betonplatten (Talauds), Pflasterungen, Fertigteilelemente, Gittersteine, Trockenmauerwerk, Steinschlichtungen, Steinberollungen, Graßbauten, Spreitlagen, verpfählte Rauhpackungen und dgl.

Uferdeckwerke müssen alle auf entsprechende Fundamente oder Roste (Einstandsmöglichkeiten) zum Schutz vor Unterwaschung versetzt werden.

Die durch Lebendverbau-Methoden abgesicherten Ufer bewirken bei Hochwasser rauhigkeitsbedingt eine Geschwindigkeitsverzögerung, die allerdings einen vergrößerten Abflußquerschnitt erfordert, wodurch die oft viel zu hohen Fließgeschwindigkeiten auf ein für die Fische erträgliches und das Bauwerk zuträgliches Maß gesenkt werden.

11.3.1.3 Steinwürfe und Steinschlichtungen

Beim Grobsteinwurf wird das Material nur am Ufer abgekippt, bei der Schlichtung wird der unbehauene Stein in der bestmöglichen Lage eingebaut. Beide Arten sind für die Fische günstig, da sie ebenfalls durch ihre Rauhigkeit die Wassergeschwindigkeit senken und den Fischen gute Einstände bieten (Abb. 26). Bei der Verlegung kann besonders auf die Schaffung von Fischeinständen Rücksicht genommen werden. Schlichtungen sind natürlich widerstandsfähiger und dauerhafter als Steinwürfe, da diese durch starke Hochwässer leichter aus ihrer Lage gerissen werden.

Mitunter genügt es, Steinschlichtungen nur als Böschungsfuß zu verwenden und den darauf abgestützten Hang in geeigneter Weise zu begrünen. Beides ist für den Fischbestand günstig, da bei Hochwasser ein Ausweichen aus der hohen Hauptströmungsrinne in ruhigere Uferzonen ermöglicht wird. Bei biotopgerechter Bepflanzung kann auch auf ein richtiges Beschattungsmaß Rücksicht genommen werden (Kap. 4.3), wenn gleichzeitig auch die Wachstumsentwicklung des Bestandes in Rechnung gestellt wird. Eine entsprechende Diversität der Bepflanzung dient ebenso der Fischpopulation wie einer naturnahen Landschaftsgestaltung.

Die rauhe Ufersicherung begünstigt das Benthos, dadurch wird eine günstige Futterbasis für die Fische geschaffen.

Durch flach verlegte Steinschlichtungen entsteht nach der

künstlichen oder natürlichen Begrünung wieder ein sehr natürlich wirkendes Bachufer (Kap. 7.6, Punkt 11).

Müssen wegen der erforderlichen Profiltiefe mehrere Steine übereinander verlegt werden, so sind Fugen bei entsprechend ausreichender Breite mit Stecklingen, Stecklingsruten oder Pflanzen zu begrünen (Abb. 52). Trotzdem sollten selbst bei dieser Art der Ufersicherung möglichst nur die Prallufer und die Ausbruchsstellen verbaut werden, da dann die für die Fische so bedeutende Breiten- und Tiefenheterogenität besser erhalten bleibt und den Fischen bei Hochwasserereignissen das Abwandern aus der Strömungsrinne in das seichte und langsam strömende Wasser am Ufer ermöglicht wird.

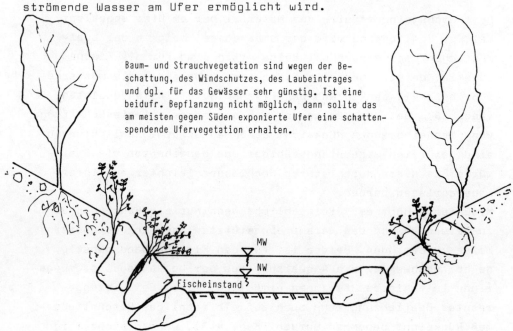

Abb. 52: Uferschutz mit Steinschlichtung und Bepflanzung ist naturnah und fischereibiologisch sehr günstig.

Die E-Befischungen am Dexelbach zeigten, daß im Abschnitt mit Steinschlichtungen sehr gute und zahlreiche Fischeinstände vorhanden waren, da dort viele Fische gefangen wurden.

11.3.2 Schalen und Künetten

Schalenbauten ermöglichen den Geschiebetransport durch die erhöhte Wassergeschwindigkeit auch über lange Flachstrecken. Die Wassergeschwindigkeit wird durch die Glattheit der Wandungen und Sohle sowie durch entsprechende Profilwahl in Abhängigkeit vom Gefälle erreicht. Die Künette ist die kleinere Form der Schale.

Bei Ortsregulierungen, wo meist durch vorgegebene enge Verhältnisse großer Platzmangel herrscht, muß oft zu dieser Bauweise gegriffen werden. Aber es sollten auch Ortsregulierungen mehr sohlenoffen gebaut werden. Geschlossene Schalenbauten müßten wirklich auf das schutztechnisch unbedingt erforderliche Mindestmaß beschränkt bleiben.

Einerseits ist die Steigerung der Wassergeschwindigkeit für den Geschiebetransport aus schutztechnischer Sicht unbedingt notwendig, andererseits sollte sie für die Fische so gering sein, daß sie die Schalenstrecke zum Aufstieg noch durchschwimmen können. Nach BAINBRIDGE (1962) beträgt für eine 300 mm lange Forelle die maximale Geschwindigkeit 3 m/sec. Am Stockwinkler Bach betrug die Wassergeschwindigkeit vor der Sinoidalschwelle am Einlauf zur Künette v_m=0,75 m/sec. bei Mittelwasser, im Bereich der Sinoidalschwelle zwischen v_m=2,7 bis 3,2 m/sec., in der anschließenden Künette zwischen 1,3 (Randbereich) und 2,2 m/sec. (Strömungsrinne) bei einem Gefälle von 2,2 % (Foto 31, Abb.54c).

Der Projektant von Schalenbauten muß sich klar sein, daß gegenüber dem schutztechnischen Vorteil folgende Nachteile in Kauf genommen werden müssen:

- Für Fische und Benthos entsteht ein Verlust an produktiver Wasserfläche als Folge des begradigten, gleichförmigen und glatten Ausbaues.
- Es erfolgt eine Beschleunigung des Wasserabflusses durch die Begradigung anstatt des Rückhaltes und der oft gewollten Hebung des Grundwasserspiegels.
- Es kommt zur Unterbindung des Wassseraustausches mit dem umliegenden Gelände, ein Nachteil besonders für das Grundwasser.

- Es kommt zur völligen Unterbindung des Fischaufstieges bei Nieder- und Hochwasser.
- Es erfolgt eine Selektion der Jungfische.
- Bei längeren Schalenbauten tritt ein Verlust in landschaftsökologischer und fischereiwirtschaftlicher Sicht ein, und es erfolgt eine Trennung der Natur- oder Kulturlandschaft durch ein totes kanalähnliches Gerinne.
- Es tritt außer dem Verlust des Wasserbiotops auch jener der Uferbiotope als Wildeinstand, der Vogelnistmöglichkeit und des Kleintierlebensraumes ein, falls diese Biotope noch intakt gewesen sind.

Maßnahmen bei Schalengerinnebauten, die einige Nachteile zumindest teilweise beseitigen können:
- Berücksichtigung eines eigenen Niederwasserprofiles in der Schale (Künette). (Abb. 54).
- Kompromiß zwischen der für den Geschiebetransport erforderlichen Geschwindigkeit und jener für den Fischaufstieg noch möglichen; sie sollte nicht über 2,5 m/sec. bei NW liegen.
- Einbau von Raststrecken; je höher die Geschwindigkeit, umso kürzer müssen die Abstände sein. Bei Wassergeschwindigkeiten von etwa 1,5 m/sec. sollte nach Erfahrungswerten der Abstand nicht mehr als 30 m betragen.
- Ein Niveauunterschied bei der Einmündung der Schale in den Vorfluter sollte vermieden werden, wenn dies nicht zu gefährlichen Rückstaufolgen führt.
- Der Kolk muß bei einem unvermeidbaren Einlaufwerk genügend tief sein, damit der Fisch diesen Überfall überwinden kann (bei Sinoidalschwelle nicht erforderlich).

Projektanten von Schalenbauten sollten wissen, daß die Sprintgeschwindigkeit für eine Bachforelle (300 mm) nach der Faustformel von BAINBRIDGE (1962) 3 m/sec. in der ersten Sekunde beträgt.

Da bei Lachsen Geschwindigkeiten bis 8 m/sec. für den Sprint erreicht wurden (größere Exemplare), erwarte ich mir auch etwas höhere Werte für Bachforellen, besonders bei guter Kondition.

Auf diesem Gebiet wäre es wünschenswert, durch neuerliche Versuche die Maximalwerte der Sprintgeschwindigkeiten von Bachforellen zu erhalten.

BRETT (1964) fand, daß Fische, die sich durch einen Sprint voll verausgabt hatten, bis zu 3 Stunden Regenerationszeit benötigten, bevor der nächste Sprint möglich war.

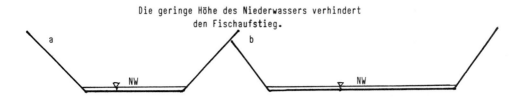

Abb. 53: Schalenbauweise, die jeden Fischaufstieg unterbindet und auch aus Gründen der Landschaftsökologie völlig abzulehnen ist.

Bei einigen Schalenbauweisen werden Niederwasserstände im Abflußprofil berücksichtigt, wodurch wesentliche Verbesserungen für den Fischzug geschaffen werden (Abb. 54).

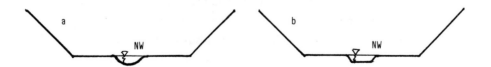

Bei diesen 3 Typen von Schalengerinnen wird das Niederwasser konzentriert geführt und dadurch erst der Fischaufstieg ermöglicht.

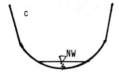

Abb. 54: Ausführung von Schalenbauten mit Niederwassergerinne.

11.3.3 Buhnen

Der Einbau von Buhnen sollte nur in Wildflüssen oder breiten Wildbachunterläufen, die wenig Gefälle aufweisen, erfolgen. Sie sind Bauwerke, die in das Gewässerbett hineinragen und durch die Profilseinengung eine Strömungslenkung bewirken und auch ein Niederwasserbett schaffen können. Sie sind ein Baukörper, der bei bautechnisch und hydraulisch richtiger Anwendung alle Wasserstände berücksichtigt. Sie werden in Steinkasten-, Drahtschotter-, Wurfstein-, ZMMW- und Betonbauweise errichtet. In Wildbächen wird der Buhnenkopf extrem beansprucht.

Dem Fischbestand bringen sie durch das Schaffen einer günstigen Breiten- und Tiefenheterogenität eine gute Fischarten- oder Altersklassendiversität. Die Fische erhalten zahlreiche gute Einstände in den Ruhigwasserzonen, eine Fluchtmöglichkeit vor dem Hochwasser zu den langsamer überströmten Uferbereichen, eine ungehinderte allgemeine Migrationsmöglichkeit, keine Verletzungen bei der Abdrift, eine gute Sortierung des Substrates für die Anlage der Laichplätze, einen guten Nahrungseintrag und eine starke Futterverteilung durch die Verwirbelung.

Buhnen können in die Ufer gut eingebunden werden, fügen sich sehr naturnahe in das Landschaftsbild ein und bieten wertvolle Lebensräume für uferbewohnende Vögel (Wasseramsel, Eisvogel, Zaunkönig, etc.) Echsen, Reptilien und Kleinsäuger.

11.4 GEGENÜBERSTELLUNG UND BEURTEILUNG VON VERBAUUNGEN UND VERBAUUNGSTYPEN AUS HYDROBIOLOGISCHER SICHT AN HAND VON FOTOBEISPIELEN

11.4.1 Verbauungen und Verbauungstypen, die aus hydrobiologischer Sicht abzulehnen sind

Foto 26: Das vorspringende Fundament verursacht beim Abdriften der Fische schwere bis tödliche Verletzungen.

Foto 27: Vorspringendes Fundament und Wurfsteine im Kolk sind für die abdriftenden Fische eine tödliche Falle.

Foto 28: Die zu hohe Vorsperre unterbindet den Fischzug bereits vor Erreichen der "fischfreundlichen" Rückhaltesperre.

Foto 29: Dieses sehr gute Fischgewässer wurde ohne Rücksichtnahme auf Breiten- und Tiefenheterogenität "kanalisiert". Die auf Wunsch der Sportfischer eingebauten Buhnen bringen bereits eine Verbesserung.

Foto 31: Die Künette des **Stockwinkler** Baches ist ausgerundet (Abb. 54c) und daher für den Fischzug etwas günstiger als die von Foto 30.

Foto 30: Diese Schale ist zu lange, hat eine zu breite Sohle und daher eine zu geringe Wassertiefe für den Fischzug bei Niederwasser (Abb. 53a).

11.4.2 Verbauungen und Verbauungstypen, die aus hydrobiologischer Sicht erwünscht sind

Foto 32: Der Dexelbach mit "fischfreundlicher" Staffelstrecke, jedoch bereits mit starker Belastung von Tensiden r. ufr. im Kolk (s. Anhang).

Foto 33: Die Sohlrampe im Dexelbach fördert die Breiten- und Tiefenheterogenität und bietet beste Fischeinstände.

Foto 34: Tiefe Kolke ermöglichen hier noch den Aufstieg, etwas stärkere Ausmuldung wäre noch günstiger.

Foto 35: Hydrobiologisch günstig verbauter Bachabschnitt.

Foto 36: Die Unterlaufverbauung mit Wurfsteinen zur Ufersicherung und mit in die Sohle verlegten Einzelsteinen erzeugt ein hydrobiologisch günstiges Biotop.

Foto 37: Diese naturnahe Verbauung hat zu wenig Breitenheterogenität und eine falsch gekrümmte Schwelle.

11.5 BEURTEILUNG DER FUNKTION VON VERBAUUNGSTYPEN DER WILDBACHVERBAUUNG IN IHRER AUSWIRKUNG AUF DIE FISCHPOPULATION

Tab. 31:

Bauwerkstype	Technische Auswirkungen		Hydrobiologische Auswirkungen	
	Vorteile	Nachteile	Vorteile	Nachteile
Stütz- u. Sohlgurten	Abstützung von Gerinnebauten, Flügel verhindern d. Ausufern		im offenen Gerinne Böschungsstabilisierung	
Grund- u. Sohlschwellen	Abstaffelung im offenen u. geschlossenen Gerinne	gelegentlich zu geringe Höhe	bei Höhen bis 1,5m eine der günstigsten Bauformen, da Fischaufstieg möglich	bei zu breitem Überfall u. fehlender Kolktiefe kein Fischaufstieg
Konsolidierungssperren	Hebung der Sohle, Hangstabilisierung		Beruhigung u. Stabilisierung des Gerinnes	meist zu hoher Überfall für Fischaufstieg, Verl.
Sinoidalschwellen	Geschiebetransport bei engen Platzverhältnissen, geräuscharm	Verlegung des Durchflußprofiles möglich	sehr günstig für den schwimmenden Aufstieg bei Wassergeschw. unter 2,5m/sec.	bei zu hohen Wassergeschw. über 2,5m/sec., kaum Aufstieg
Sohlrampen	ökolog. u. schutztechnisch sehr günstige Gefällsüberführung	nur bei geringem Gefälle u. gutem Untergrund anwendbar	sehr günstig für Fischzug u. Einstand	Verletzungsmöglichkeit durch scharfe Kanten bei Abdrift
Rückhaltesperren	Geschieberückhalt, nach Auffüllung geringe Wirkung	nur einmaliger Geschieberückhalt	Geschieberückhalt bei HW Einstand im Kolk, Stabilisierung des Gerinnes	Unterbindung des Fischzuges, Verletzungsgefahr bei Abdrift
Dosiersperren	temp. HW- u. Geschieberückhalt, HW-Spitzenvermind.	großer Stauraum erforderlich	kein plötzlicher Geschiebeeinstoß, meist günstig für Fischzug	langanhaltende Trübung möglich
Sortiersperren	sortierte Geschiebedrift bei Mittelwasser	größerer Stauraum erforderlich	kein plötzlicher Geschiebeeinstoß, meist günstig für Fisch- Änderung d. Korngröße d. Laichsubstrates möglich	langanhaltende Trübung
Leitwerke als Ufermauern	hoher Sicherheitsgrad, günstig bei Platzmangel	glegentl. Nachteil der Abflußbeschleunigung		Verlust d. Nat. Ufers, Geschw. erhöhung, kaum Einstände
Steinwurf, Steinschlichtung	bei Katastrophensanierung, preisgünstige Bauform	Ablagerungsgefahr, unerwünschte Auflandung, geringe Stabilisierung	sehr günstige Bauform, Verm. der Geschw., gute Einstände durch Breiten- u. Tiefenheterogenität	
Schalen- u. Künettenbauten	höchste Wasser- u. Geschiebetransportleistung, hohe Sicherheit, bei Platzmangel	sehr teuer		Einschränkung od. Unterbind. d. Fischzuges, Zerst. d. Biotops, ökolog. unerwünscht
Buhnen	guter Schutz der natürlichen Ufer, vielseitige Profilgestaltung möglich	Platzbedarf, nur f. Wildflüsse, Kopf exponiert	sehr günstig d. Breiten- un liefenheterogenität, Fischzug u. Einstand gesichert	
Bachräumungen	günstig für Katastrophensanierung, sollte mit anderen Baumaßnahmen verbunden sein	kurze Wirkungsdauer	Wiederherstellung des Gerinnes nach Katastrophen, Wasserkonzentration	kurz- od. langfristige Zerst. des Biotops, d. Laichplätze, d. Breiten-u. Tiefenheterog.

12. HYDROBIOLOGISCHER ZEITPLAN FÜR BAUEINGRIFFE IN WILDBÄCHE, WILDFLÜSSE UND ANDERE KLEINGEWÄSSER MIT FISCHBESTAND

Monate	I.	II.	III.	IV.	V.	VI.	VII.	VIII.	IX.	X.	XI.	XII.
Bachforelle in Oberösterreich	Schonzeit		*	+						Schonzeit		Laichzeit
Bachsaibling	Schonzeit		*	+						Schonzeit		Laichzeit
Regenbogenforelle	Laichzeit	Schonzeit		*	+							SZ- LZ-
Bachräumungen mögl. Laichgebiet								---	---			
Bachräumungen andere							---	---	---	---		
Querwerke						---	---	---	---	---	---	
Ufermauern							---	---	---	---		
Steinwürfe, Steinschlichtung						---	---	---	---	---		
Schalenbauten							---	---	---	---		
Pflanzzeit, Nachb- Schnitt, Verjüng. Düngung Wildschadenverh.	---	---	---	---	---	---				---	---	---

* Schlüpfzeit
+ Erscheinen der Brütlinge
LZ Laichzeit
SZ Schonzeit
--- günstiger Zeitraum für Baueingriffe

13. Hydrobiologisch-technische (Verbesserungs-) Maßnahmen zum Schutz der Fische in verbauten, teil- und unverbauten Wildbächen und Wildflüssen der Forellenregion sowie ihre hydrobiologischen und ökonomischen Auswirkungen. Nach WHITE (1968) verändert und ergänzt.

Hydrobiologisch-technische Verbesserungsmaßnahmen	Auswirkungen hydrobiologische	ökonomische
Schaffung zusätzlicher Fischeinstände: Steinschlichtungen, tiefe, lange u. stabile Kolke u. Tosbecken, Vorsperren, künstliche Einstände u. dg.	geringe Verluste durch Nieder- u. Hochwasser: besserer Abwuchs- höhere Überlebensrate	mehr Forellen
Vergrößerung des Biotops: ständige Wasserführung, tiefe, lange u. stabile Kolke u. Tosbecken, Profilsgestaltung auch auf Niederwasser ausgerichtet, flache Innenufer, rauhe Längswerke	weniger Revierkämpfe: weniger Streß- höhere Überlebensrate; bessere Ernährungsbedingungen- Populationszunahme	stärkere Forellen
Verbesserung der Laichmöglichkeit: ungehinderter Fischzug, Tiefen- u. Breitenheterogenität, stabiles Niederwasserprofil, keine Schalen, keine Baueingriffe zur Laichzeit, keine Verschlämmung des Laichsubstrates	steigende Population- starke Altersklassendiversität	
Produktivitätssteigerung: Gewässerstabilisierung, Verminderung des Geschiebetriebes u. plötzlichen Geschiebeeinstoßes und Abdriftverletzungen; Breitenu. Tiefenheterogenität, gute Einstände, keine Abwässer	mehr Nahrung- besserer Abwuchs; besserer Einstand	

14. ZUSAMMENFASSUNG DER UNTERSUCHUNGSERGEBNISSE UND VORSCHLÄGE FÜR DIE PRAXIS

Um festzustellen, welche Auswirkungen die Wildbachverbauung auf den Fischbestand hat, wurde dieser mit seinen einzelnen Parametern im Dexelbach, einem Flyschwildbach im oberösterreichischen Alpenvorland, untersucht.

Flyschwildbäche sind als Folge des größtenteils dichten Substrates durch eine weite Amplitude von Nieder- und Hochwasser gekennzeichnet. Ihre geringen Niederwasserstände wirken sich sehr nachteilig auf die Fischbestände aus.

Bei diesen Untersuchungen, die in der Zeit vom Herbst 1979 bis Sommer 1984 durchgeführt wurden, sind folgende Ergebnisse durch die Auswirkungen der Verbauung auf den Fischbestand festgestellt worden:

Für die **verbaute Strecke** des unteren Mittellaufes zeigte sich ein geringerer Fischbestand pro ha als bachaufwärts im anschließenden **unverbauten Mittellauf**, wo die Fischlängen im Durchschnitt kleiner sind. Die Population war aber um vieles höher als im **flachen** und **unverbauten Unterlauf**, der sich einerseits mit seiner zu breiten Sohle bei Niederwasser und andererseits durch die Geschiebeumlagerungen fischereibiologisch sehr ungünstig auswirkt. Die **verbaute obere Schluchtstrecke** hatte die höchste Population, lag aber mit der mittleren Fischlänge knapp unter der **unverbauten Schlucht**. **Kolke** im Bereich von Sperren, aber auch von Deckwerken, Sohlrampen und dgl. erwiesen sich bei entsprechender Größe (die Wassertiefe ist ein Maß für die Fischgröße) als wertvolle Fischeinstände, die den **natürlichen Gumpen** gleichzusetzen sind.

Beim **Aufstieg der Fische über Absturzbauwerke** wurde eine Unterteilung in eine schwimmende, springend-schwimmende und springende Aufstiegsart getroffen.

Bei der **schwimmenden Aufstiegsart** wurde eine Höhe von 1 m ohne Startkolk bis zu einer Wassergeschwindigkeit von etwa 2,4 m/sec. in einer ausgerundeten Künette von Fischen mit Längen von 160 bis 240 mm überwunden.

Bei der **springend-schwimmenden Fortbewegungsart** betrug die größte überwundene Sperrenhöhe 1,45 m bei Kolktiefen von 0,9 bis 1,02 m im Start- (70 % der Überfallshöhe) und rund 0,8 m im Absprungbereich (60 % der Überfallshöhe). Diese Werte wurden bei einer Mindestwasserführung von 0,03 m^3/sec. in einem 1,5 m breiten Teilbereich der auf 3,6 m ausgebauten Abflußsektion gefunden. Die extremen Überfälle von 1,45 m wurden aber nur von Bachforellen ab 230 mm Länge und bei guter Kondition überwunden. Diese Höhen sind daher auch für eine Kompensationswanderung abgedrifteter Jungfische unüberwindlich.

Beim **freien Sprung** konnten nur Höhen von maximal 0,56 m bei einer Kolktiefe von ebenfalls 0,9 m gemessen werden.

Abdriften über Sperren ohne Verletzungen der Fische wurden bis zu 4,3 m Höhe bei einer Kolktiefe von 1,05 m mehrmals festgestellt. Die weiteste **Talwanderung bzw. Abdrift** einer Bachforelle (222 mm Länge) innerhalb von 18 Monaten betrug 1.008 m und führte über 20 Sperren (max. Absturz 4,2 m) und Grundschwellen sowie über 12 natürliche Abstürze (max. Höhenunterschied 3 m bei schräger Gefällsüberführung und einer Gumpentiefe von nur 0,45 m). Um Verletzungen und das Verenden von abdriftenden Fischen zu vermeiden, sind tiefe Kolke erforderlich, die frei von Wurfsteinen, Piloten, vorspringenden Fundamenten etc. sein müssen.

Der **Fischbestand,** seine **Verteilung** und das **Wanderverhalten der Fische** wurde durch zwei E-Befischungen über das gesamte Bachregime (1980 ein Gesamtbestand von 1.338 und 1983 einer von 1.363 Forellen) und durch mehrere Detailbefischungen sowie einer eigens dafür vom Autor selbst entwickelten Farbpunktemarkierung untersucht.

Der **Hauptfisch** des Dexelbaches ist die Bachforelle, die sich im Gegensatz zu Regenbogenforelle und Bachsaibling durch natürliche Reproduktion vermehrt. Aus der Durchschnittslänge von 170 mm für 1980 ergab sich mit Hilfe der Längen-Gewichts-Regression ein mittleres Gewicht von 49,2 g und für 1983 aus der mittleren Länge von 160,2 mm ein Durchschnittsgewicht von nur 41,2 g.

Die **Längen-Frequenz-Diagramme**, die auf Grund der beiden E-Befischungen gezeichnet werden konnten, zeigten, daß der Dexelbach eine langsam wachsende Fischpopulation aufweist, bei der sich dritter und vierter Jahrgang bereits überdecken.

Die **Vergleiche der Stückzahlen**, der **Fischlängen** und der **Fischbiomassen** in einzelnen Bachabschnitten bewiesen, daß in stark strukturierten Strecken mehr Bachforellen leben als in morphologisch gleichförmigen. Gumpen oder Kolke dienen bei größeren Wassertiefen älteren und daher auch größeren Fischen, Flachstrecken dagegen meist Jungfischen als Einstände. Somit ist die **Heterogenität der Bachbettstruktur** ein maßgebender Parameter für Fischgröße und Populationsdichte und eine wesentliche Voraussetzung einer ausgewogenen Fischpopulation.

Die **Alterskurve**, die nach der Otolithenmethode ermittelt worden ist, zeigte für die Bachforelle im Vergleich zu 11 niederösterreichischen Fließgewässern ein schwaches bis mittleres Wachstum.

Als wesentlichstes **Ergebnis der Fischwanderungen** wurde die Notwendigkeit erkannt, daß auch **Nieder- und Mittelwasserführung** neben der Hochwasserführung bei einem **Dimensionieren von Abflußsektionen und Schalen** zu berücksichtigen sind. Durch einen konzentrierten Überfall wird nicht nur der Fischaufstieg begünstigt, es entsteht auch eine gute Verwirbelung mit hohem Sauerstoffeintrag, der besonders in Trockenperioden und für belastete Unterläufe von großer Bedeutung ist; im Winter wird dadurch das **Vereisen der Kolke** eingeschränkt.

Das **Tieferlegen dammbachartiger Unterläufe** ist fischereibiologisch notwendig, um den **Grundwasserbegleitstrom** zum Füllen der Sperrenkolke sowohl für den Aufstieg während des Niederwasserstandes als auch im Sommer zur Temperatursenkung des Bachwassers verwenden zu können.

Mit der **Temperaturmessung** konnte die Zugehörigkeit des Dexelbaches zu den frühjahrs-kalten und herbst-warmen Bächen festgestellt werden. Es zeigt sich das hohe Maß der Wasserdurchmischung im Wildbach durch sehr geringe Temperaturunterschiede sowohl in den tiefen Kolken selbst, als auch in besonnten Bachabschnitten und Laichplätzen.

Durch diese Messungen konnten die **Temperaturgrenzen für das Laichen** mit 2 bis 10°C und die **Hauptaktivität** in den Nachmittagsstunden während des jeweiligen Temperaturmaximums festgestellt werden. Entgegen den Meinungen in der Fachliteratur beendete erst die Wasserabkühlung auf 2°C das Laichen anstelle

der erwähnten 4°C. Das Fallen der Wassertemperatur auf 7°C war
aber im Dexelbach kein "Auslöser" für den **Beginn der Laichwanderung** ab Mitte August. Die Ursache lag dagegen im Anstieg des
Abflusses, da die Wassertemperaturen während der Laichwanderung
im Tagesmittel noch um 11°C schwankten. Die **Laichzeit** dauerte
von der dritten Oktoberdekade bis ungefähr Mitte Dezember.
Die **mittlere Größe des Laichplatzes** wurde mit 0,20 m² festgestellt; die **mittlere Tiefe** lag unter 10 cm, bei Notlaichplätzen
jedoch wesentlich höher. Im **Laichsubstrat** war die Grobkiesfraktion (63-20 mm) mit knapp unter 50 % am häufigsten vertreten,
gefolgt von der Mittelkiesfraktion (20-6,3 mm) mit rund 35 %.
Die **Strömungsgeschwindigkeiten an den Laichplätzen** betrugen
im Mittel bei Handmessung 0,17 und bei Flügelmessung über
0,20 m/s; in den Laichgruben dagegen lagen sie um 0,15 m/s.

Verbaute und **unverbaute Abschnitte** unterschieden sich in Individuenzahlen und Benthosbiomassen stärker als durch den
Fischbestand. In der **unverbauten Schluchtstrecke** lagen die Biomassewerte fast doppelt so hoch wie in der bachabwärts anschließenden **verbauten Schlucht**. Im **naturbelassenen Abschnitt** des
r. ufr. Zubringers des Lichtenbuchinger Grabens fanden sich die
höchsten Individuenzahlen. Die niedrigsten Individuenzahlen und
Biomassen wurden dagegen in dem schwach strukturierten, umlagerungsreichen und fast unverbauten **Auflandungsbereich** festgestellt. Die hohen Biomassen in der **Schluchtstrecke** ergaben sich
aus dem natürlichen Wechsel von lotischen Bereichen mit überwiegend größeren Organismen und lenitischen Gewässerabschnitten
mit einer hohen Zahl kleinerer und jüngerer Individuen.
Wenn das **Verbauungskonzept** auch nach **hydrobiologischen Grundsätzen** erstellt wird, die **Baumaßnahmen** selektiv und funktional
überlegt werden und eine entsprechende **Bauwerkstypenwahl** durchgeführt wird, dann ist der **Fortbestand der Fischpopulation**
selbst in einem **verbauten Wildbach** gesichert und kann sogar deutlich verbessert werden. Eine **natur- und landschaftsbezogene Verbauung** trägt somit wesentlich zur Aufrechterhaltung eines
fischereibiologisch intakten Fließgewässer-Ökosystems bei.

III. ABKÜRZUNGSVERZEICHNIS

A: Adult oder Imago, geschlechtsreifes Individuum

BF: Bachforelle
z.B. BF 280 |240| K_F 1,09| dh. Bachforelle mit 280 mm Länge, 240 g Gewicht, K_F 1,09

BS: Bachsaibling

BW: Bauweise

Gschw: Grundschwelle

hm Hektometer

Ind: Individuum

K: Kolktiefe

K_F Konditionsfaktor nach FULTON mit Monatsangabe $K_{F1} - K_{F12}$

L: Larve

l. links

N: Nymphe

P: Puppe

r. rechts

RB Regenbogenforelle

Sp: Sperre

stummer Zeuge: Diese Bezeichnung wurde nach persönlicher Mitteilung von Dr. Aulitzky erstmals von STRAUBE (1954) verwendet. Man versteht darunter einen später noch auffindbaren Hinweis auf ein stattgefundenes Hochwasser-, Muren- oder La-Ereignis und dgl. z.B. Baumstrunke, Wurzelstöcke, Erosionsrinnen, Abflußprofil ua.

ufr. ufrig

Ü: Überfall

ZMMW Zementmörtelmauerwerk

IV. FACHWÖRTERVERZEICHNIS

anadrom: Wanderung, die vom Meer aufwärts führt (Lachs). Bei der Richtung entscheidet immer die Wanderung zum Laichplatz.

Benthal: Bodenzone eines Gewässers

Benthon, Gesamtheit der im Benthal lebenden Organismen in See- und Fließ-
Benthos: gewässern (Bodenfauna, -flora)

Biotop: Lebensraum einer Biozönose

Biozönose: Lebensgemeinschaft von Pflanzen und Tieren im Biotop

brown trout: Bachforelle

campodeid: Larven, die den Kopf in der Körperlängsachse tragen.

Dole: Abflußöffnung einer Sperre bzw. Entwässerungsöffnung

Dosierwerk: Kronenoffene Sperre, die zwischengelagertes Geschiebe durch Hoch- und Mittelwässer dosiert abführt.

Emergenz: das Schlüpfen

Epilimnion: Oberflächenschicht eines Sees (thermischer Begriff)

eruciform: Larven, die den Kopf senkrecht zur Körperachse haben.

eutroph: nährstoffreich

Eutrophierung: Intensität der photolithotrophen Produktion; ist die
(Trophie) Zunahme dieser Primär-Produktion im Gewässer durch natürliche oder künstliche Nährstoffanreicherung.

Evertebraten: wirbellose Tiere

Flügel: Seitlicher Teil der Abflußsektion, der das Abflußprofil begrenzt.

Geschiebestaussperre (Retentionssperre): hält Geschiebe zurück

Grundschwelle: Absturzbauwerk bis maximal 1,5 m Überfallshöhe

Gumpen: Natürlich entstandene Eintiefung der Sohle, die mit Wasser gefüllt ist.

heterocerk: asymetrisch

Hydrobiologie: Lehre von den in Gewässern lebenden Organismen. Sie ist demnach sowohl ein Spezialgebiet der Limnologie (Organismen im Süßwasser) wie der Oceanologie (Organismen im Meer).

Hypolimnion: Bereich der Sprungschicht (thermischer Begriff)

hyporheisches Interstitial: Hohlraumsystem in fluviatilen Lockergesteinen unter und dicht neben einem frei fließenden Gewässer; Grenzzone zwischen Fließgewässer und Grundwasserbereich.

Hyporheon: Schotterlückenraum unter dem Bachbett

Interstitial: Schotterlückenraum des Bachbetts

Imago, Imagines (w): Bezeichnung für fertig entwickeltes und geschlechtsreifes Insekt.

katadrom: Wanderung, die in das Meer führt (Aal)

Klareis: Beeinflußt die Zufuhr von Strahlungsenergie nicht, dagegen hält sie der Schnee zurück. 20 cm Altschnee vermindert sie auf 1 %. So wird in kleinen Gebirgsbächen die Produktion im Winter fast eingestellt, wenn sie überschneit sind.

Kolk: Durch künstlichen Absturz entstandene Vertiefung der Gewässersohle an der Luftseite der Sperre.

Krainerwand: siehe Steinkasten

Krenal: Quellzone, fischleer

Künette: wie Schale, jedoch kleinere Ausführung

Längen-Frequenzdiagramm: Zur Erstellung eines Längenfrequenzdiagrammes werden die jeweils gleichen Längen der gefangenen Fische übereinander aufgetragen. Daraus ergibt sich eine anschauliche Information über die Verteilung der einzelnen Altersklassen.

Leitwerk: seitliche Uferabdeckung gegen Seitenschurf

lenitisch: Ruhigwasserbereich, in dem Lebewesen, die stehendes oder langsam strömendes Wasser bevorzugen (stagnophil), leben.

Limnologie: Lehre von den stehenden oder fließenden Gewässern auf dem Festland.

Litoral: Lebensraum der Uferzone, der in mehrere Abschnitte zerfällt. Der durchlichtete Bereich des Benthals ist das Eulithal.

lotisch: Schnellwasserbereich, in dem Lebewesen, die strömendes oder schnell fließendes Wasser bevorzugen (rheophil), leben.

meromiktischer See: Es werden bei der Zirkulation nur Teilbereiche des Tiefenwassers im See erfaßt.

Migration: Wanderung

monomiktischer See: wird nur einmal im Jahr umgeschichtet

Nekton: Organismen mit aktiver Bewegung im Freiwasserraum (z.B. Fische)

Nymphenstadium: Es ist jenes Larvenstadium der im Wasser lebenden Insektenlarven, aus dem die Subimago oder die fertig entwickelte Imago schlüpfen. (N)

Ökosystem: Funktionelle Einheit von Lebewesen und ihrer Umwelt in einem ökologischen Raum. Es ist immer ein offenes System, das zur Selbstregulierung befähigt ist.

peak: Spitze (Längen-Frequenzdiagramm)

Pelagial: Freiwasserraum des Meeres, großer Binnenseen und Flüsse

Periphyton: pflanzlicher Bewuchs auf Steinen, Pflanzen usw. (Algen, Bakterien und Pilze)

Phytoplankton: Im Freiwasserraum lebender und mit der Wasserbewegung passiv treibender pflanzlicher Planktonanteil.

phototaktisch: Bewegung von Organismen zum Licht

Plankton: Gesamtheit der im Freiwasserraum lebenden und mit der Wasserbewegung passiv treibenden Organismen.

Pleuston: An oder auf der Wasseroberfläche schwimmende oder laufende Organismen.

polyoxibiont: Bezeichnung für Organismen, die sehr hohen Sauerstoffgehalt benötigen.

Potamal: Zone des Tieflandflusses
  Epipotamal: (Barbenregion, IV; Barbe, Nase, Hasel)
  Metapotamal: (Brachsenregion, V; Brachse, Karpfen, Schleie)
  Hypopotamal: (Kaulbarsch - Flunder - Region, VI)

Profundal: lichtloser Bereich

psychrophil: Bezeichnung für kälteliebende Organismen

Retentionssperre: auch als Rückhaltesperre bezeichnet; hält das Geschiebe zurück

Retentionswerk: siehe Retentionssperre

rheophil: strömungsliebende Lebewesen; Organismen, die schnellfließendes Wasser lieben

rheotropisch: siehe rheophil

Rhithral: oberer Bereich des Gewässers, Forellenregion (Salmonidenregion), Zone des Gebirgsbaches
  Epirhithral: (obere Forellenregion, I; BF, BS)

Metarhithral: (untere Forellenregion, II; BF, RB)
Hyporhithral: (Äschenregion, III; Äsche, RB, Nase)

Salmonidenregion: siehe Rhithral

Saprobie: Gesamtheit der heterotrophen Bioaktivität in einem Gewässer, einschließlich der tierischen.

Schale: Künstliches Gerinne mit durchgehendem Sohlenpflaster aus Stein, Beton und evtl. Stahlblech, um das Geschiebe mit erhöhter Abflußgeschwindigkeit abzutransportieren.

Schlitzsperre: Offene Sperre; der Sperrenkörper ist zum Zweck der Geschiebedrift offen.

Schwerboden: Aus schwächerem Holz hergestellter Boden im Steinkasten, der das Ausrinnen des Füllmaterials verhindert.

Sinoidalschwelle: Grundschwelle mit einem gekrümmten und fließenden Überfall.

Sortierwerk: Ist eine kronenoffene Sperre, die das Geschiebe sortiert und es mit dem Mittelwasser abdriften soll.

Sohlgurte: Querwerk im Sohlenniveau, d.h. ohne Absturz

Sohlschwelle: Werk mit kleinem Absturz

1-sömmerig; 1-sömmrig; besser nur sömmerig oder sömmrig: Das ist der Zeitraum vom Schlüpfen eines Brütlings (Fisches) bis zum Jahresende. (0+)

2-sömmerig (sömmrig): Das ist der Zeitraum vom Schlüpfen eines Brütlings bis zum Jahresende des folgenden Jahres. (1+)

Sperre: Querwerk mit Absturzhöhe über 1,5 m

stagnikol: siehe lenitisch

stagnophil: Sind Organismen, die im Ruhigwasserbereich leben.

Strahlungsenergie: 20 cm Altschnee vermindert sie z.B. auf 1 %. So wird in kleinen Gebirgsbächen die Produktion im Winter fast eingestellt, wenn sie überschneit sind.

Steinkasten: Krainerwand

Steinschlichtung: unbearbeitete, aber in der günstigsten Lage versetzte Wurfsteine

Steinwurf: nur abgekippte Bruchsteine

stenotop: Sind Organismen, die nur einer Zone zugeordnet werden können.

Tentakel (m. od. s.): Körperanhänge niederer Tiere zum Erfassen der
  Beute

torrentikol: siehe lotisch

Tosbecken: Bereich des durch Deckung gesicherten Sperrenvorfeldes zwischen Hauptsperre, Vorsperre und Uferabdeckung.

Trockenmauerwerk: fugengerecht versetzte Steine

Zooplankton: Im Freiwasserraum lebender und mit der Wasserbewegung passiv
  treibender tierischer Anteil des Planktons.

V. LITERATURVERZEICHNIS

AMMANN, E., 1967: Maßnahmen zur Erhaltung der fischereilichen Werte bei Gewässerkorrektionen. Schweiz. Fischerei Zeitung, 75, 7, 64-75.

ALLEN, K.R., 1951: The Horokiwi Stream. A study of trout population. Bull. Mar. Dept. N.Z., Fish. 10.

AULITZKY, H., 1973: Berücksichtigung der Wildbach- und Lawinengefahrengebiete als Grundlage der Raumordnung von Gebirgsländern. 100 Jahre Hochschule für Bodenkultur, Bd. IV, Teil 2.

AULITZKY, H., 1983: Studienblätter zur Vorlesung: Bioklimatische Grundlagen der Landschaftsgestaltung und Landschaftsplanung. Eigenverlag des Instituts für Wildbach- und Lawinenverbauung, Universität für Bodenkultur.

AULITZKY, H., 1983: Vorläufige Studienblätter zur Vorlesung: Grundlagen der Wildbach- und Lawinenverbauung 1983-84. Eigenverlag des Instituts für Wildbach- und Lawinenverbauung, Universität für Bodenkultur.

BAGENAL, T., 1978: FULTON'S Condition Factor in T. Bagenal IBP Handbook, Methods for Assessment of Fish Production in Fresh Waters, Oxford.

BAINBRIDGE, R., 1962: Training, speed and stamina in trout. Journal Experimental Biological, 39 (4).

BLASCHKE, H., MIKSCH, R., PAMMER, F., 1981: Zum Restwasserproblem bei Kleinkraftwerken, Hydrographischer Dienst, Linz, Ref. Workshop: Restwasser - ein limnologisches Problem.

BLAXTER, J.H.S, 1969: Development: Eggs and larvae Fish Physiology. Vol. 3, Academic Press, New York and London.

BOVE, F.J., Erscheinungsjahr unbekannt: MS-222 Sandoz; Das Anaestheticum und Sedativum für Fische, Frösche und andere Kaltblütler.

BRETSCHKO, G., 1983: Die Biozönosen der Bettsedimente von Fließgewässern - ein Beitrag der Limnologie zur naturnahen Gewässerregulierung. Habilitationschrift, Wasserwirtschaft und Wasservorsorge, BMLF.

BRETT, J.R., 1964: The respiratory metabolism and swimming performance of young sockey salmon. Journal Fisheries Research Board of Canada.

CZERMAK, F., 1938: Dexelbach - Übergang, Geologischer Schnitt in der Reichsautobahn (RAB-Achse), Profil durch den Dexelbach.

ECKEL, O., 1960: Temperatur der Fließgewässer, Klimatographie von Österreich. Österreichische Akademie der Wissenschaften, Springer Verlag.

E.I.F.A.C., 1971: European Inland Waterfish, FAO.

EINSELE, W., 1957: Flußbiologie, Kraftwerke und Fischerei. Schriften des Österreichischen Fischereiverbandes, Heft 1.

EINSELE, W., 1960: Die Strömungsgeschwindigkeit als beherrschender Faktor bei der limnologischen Gestaltung der Gewässer. Österreichs Fischerei, Heft 2.

ELSTER, H.J., 1973: Vorschläge zum Schutz der Fischerei beim Gewässerausbau. Arch. Fisch. Wiss. 24, Beiheft 1.

ENGELHARDT, W., 1977: Was lebt in Tümpel, Bach und Weiher? Eine Einführung in die Lehre vom Leben der Binnengewässer. Kosmos, Gesellschaft der Naturfreunde, Franckh'sche Verlagshandlung, Stuttgart.

FEDRA, K., 1982: Wasserbilanzbestimmungen für den Attersee mit Hilfe einer Computersimulation.

FIEBIGER, G., 1984: Funktionelle Bautypen der Wildbach- und Lawinenverbauung als Grundlage der Geschiebebewirtschaftung. Koordinierung in der Schutzwasserwirtschaft. Interpraevent, Band I, Villach 1984.

FLÖGL, H., 1970: Wasserwirtschaftliches Grundsatzgutachten Vöckla - Ager - Traun - Alm. Amt der OÖ Landesregierung Abteilung Wasserbau, Hydrographischer Dienst.

FORSTNER, A., 1981: Gedanken und Anregungen zum ökogerechten Arbeiten und Handeln in Wildbachgebieten. Wildbach- und Lawinenverbau, Heft 2.

FROST, W.E. & BROWN, M.E., 1967: The trout. The new naturalist; Collins Clear-Type Press London and Glasgow, reprint 1972.

GBLTG. ATTERGAU UND INNVIERTEL: Aufnahmeblätter für Gefahrenzonenplanung.

GREELEY, J.R., 1932: The spawning habits of brook, brown and rainbow trout and the problem of egg predators. Trans. Amer. Fish Soc. 62.

GREENBERG, D.B., 1966: Forellenzucht, ein Leitfaden für die Praxis unter Verwendung internationaler Erfahrung und unter besonderer Berücksichtigung der amerikanischen Betriebsverhältnisse und Einrichtungen. Verlag Paul Parey.

GÜNTSCHL, E., 1970: Hochwasserschutz und Raumordnung. Österreichische Gesellschaft für Raumplanung und Raumforschung, Wien.

HASSENTEUFEL, W., 1952: Die Grünverbauung von Wildbächen. Wildbach- und Lawinenverbau, Heft 1.

HASSENTEUFEL, W., 1955: Biologische Wildbachverbauung. Österr. Wasserwirtschaft, Heft 8/9.

HÄRTEL, O. u. WINTER, P., 1934: Wildbach- und Lawinenverbauung. Leipzig.

HÄRTEL, O., 1950: Die Lebendverbauung im Wasser- und Wildbachwesen. Zeitschrift des Österr. Ingenieur- und Architekten-Vereines, Heft 11/12.

HEUMADER, J., 1979: Wildbachverbauung, Gewässerschutz und Fischerei. Österreichs Fischerei, Jhg. 32, Heft 8/9.

HEUMADER, J., 1979: Planung und Ausführung von Wildbachverbauungen. Österreichs Fischerei, Jhg. 33, Heft 1.

HOFMANN, F., 1973: Wildbachsperren aus Holz, Stahlbetonbalken und Drahtkörben unter besonderer Berücksichtigung des Holzschutzes. Mitt. d. FBVA, Österr. Agrarverlag, Wien, Heft, 102.

HYDROGRAPHISCHES ZENTRALBÜRO IM BUNDESMINISTERIUM FÜR LAND- UND FORSTWIRTSCHAFT, 1952: Die Niederschlagsverhältnisse in Österreich im Zeitraum 1901-1950. Beiträge zur Hydrographie Österreichs, Heft 26.

HYDROGRAPHISCHES ZENTRALBÜRO IM BUNDESMINISTERIUM FÜR LAND- UND FORSTWIRTSCHAFT, 1982: Die Niederschlagsverhältnisse in Österreich im Zeitraum 1974-1980. Hydrographische Jahrbücher, Band 83 bis 88.

HYNES, H.B.N., 1970: The Ecology of Running Waters. Univ. Press Liverpool.

ILLIES, J., 1961: Versuch einer allgemeinen biozönotischen Gliederung der Fließgewässer. Int. Rev. ges. Hydrobiol. 46.

JAGSCH, A., 1976: Chemische Untersuchungen der Zuflüsse des Attersees und des Ausrinns im Jahre 1975 und erste vorläufige Nährstoff-Frachtberechnungen. ibidem, 65-73, 1976-1977.

JAGSCH, A., 1976 u. 1977: Gutachten über Schädigung des Fischbestandes im Dexelbach durch Regulierungsarbeiten der Wildbachverbauung.

JAGSCH, A., 1977: Chemische Untersuchungen der wichtigsten Zuflüsse des Attersees und des Ausrinns im Jahre 1975 und Nährstoff-Frachtberechnungen. ibidem, 33-40, 1977.

JENS, G., 1982: Der Bau von Fischwegen. Paul Parey, Hamburg-Berlin.

JONES, J.W. & BALL, J.N., 1954: The spawning behaviour of brown trout and salmon. Brit. Journal Animal Behaviour 2.

JUNGWIRTH, M., 1975: Die Fischerei in Niederösterreich. Wissenschaftliche Schriftenreihe Niederösterreichs, Niederösterr. Pressehaus, St. Pölten.

JUNGWIRTH, M., 1980: Flußbau und Fischerei. Wiener Mitteilung Band 33.

JUNGWIRTH, M., 1980: Limnologische Aspekte naturbelassener und naturnahe verbauter Fließgewässer. Natur- und landschaftsbezogene Gewässerregulierung und Gewässerpflege. Landschaftswasserbau, Technische Universität Wien.

JUNGWIRTH, M., MOOG, O., WINKLER, H., 1980: Vergleichende Fischbestandsuntersuchungen an elf niederösterreichischen Fließgewässerstrecken. Österr. Fischereigesellschaft, Festschrift anläßlich des 100-jährigen Bestandes, Wien.

JUNGWIRTH, M., 1981: Auswirkungen von Fließgewässerregulierungen auf Fischbestände. Wasserwirtschaft, Wasservorsorge, Forschungsarbeiten BMLF.

JUNGWIRTH, M., 1982: Ökologische Auswirkungen des Flußbaues. Wiener Mitteilungen, Band 50.

JUNGWIRTH, M., 1984: Auswirkungen von Fließgewässerregulierungen auf die Fischbestände, Teil II, Wasserwirtschaft, Wasservorsorge, Forschungsarbeiten BMLF.

JUNGWIRTH, M. u. WINKLER, H., 1984: The temperature dependence of embryonic development of Grayling (Thymallus thymallus), Danube salmon (Hucho hucho), Arctic char (Salvelius alpinus) and Brown trout (Salmo trutta fario). Aquaculture/Elsevier Science Publishers B.V., Amsterdam - Printed in The Netherlands.

KAUPA, H., 1982: Erlebniswerte bei wasserbaulichen Planungen und Entscheidungen. Landschaftswasserbau 4, Institut für Wassergüte und Landschaftswasserbau, Technische Universität Wien.

KELLER, E., 1938: Wildbachverbauung und Flußregulierung nach den Gesetzen der Natur. Deutsche Wasserwirtschaft, München, Heft 6.

KEMMERLING, W., 1982: Die Entwicklung ingenieurbiologischer Maßnahmen im Landschaftswasserbau. Landschaftswasserbau 3, Institut für Wassergüte und Landschaftswasserbau, Technische Universität Wien.

KETTL, W., 1973: Sortierwerke im Pongau, Theorien und Erfahrungen. Wildbach- und Lawinenverbau, Jhg. 37, Heft 1, S. 15-23.

KÖPPEN, W., 1954: Die Klassifikation der Klimate vorzugsweise nach ihren Beziehungen zur Pflanzenwelt. Berlin-Leipzig, 1931. Grundriß der Klimakunde, Berlin-Leipzig.

LADIGES, W. u. VOGT, D., 1965: Die Süßwasserfische Europas. Verlag Paul Parey, Hamburg u. Berlin.

LAIRD, L.M. u. STOTT, B., 1978: Marking and Tagging. In Methods for Assessment of Fish Production in Fresh Waters. T. Bagenal. IBP Handbook, Oxford 1978.

LEA, E., 1910: On the methods used in herring investigation. Publ. Circonst. Cons. perm. int. Explor. Mer. 53 : 120.

LELEK, A., 1977: Stummes Verschwinden. Naturopa, Council of Europe.

LEYS, E., 1977: Landschaftsgestaltung durch die Wildbachverbauung, Vorschlag für einen Naturbau-Index, Wildbach- und Lawinenverbau, Sonderheft, Dez. 1972.

LIBOSVARSKY, J. u. LELEK, A., 1965: Über die Artselektivität beim elektrischen Fischfang. Zeitschr. Fischerei u. Hilfsw. 13, 3/4.

LÖFFLER, H., 1979: Wasser, Leben, Landschaft - Probleme der österreichischen Binnengewässer -; Umweltschutz 2.

MARRER, H., 1980: Alpine Speicherwerke und die Fischerei. Ref. bei Pro aqua - Pro vita.

MARRER, H., 1981: Vorschläge für Maßnahmen im Interesse der Fischerei bei technischen Eingriffen in Gewässer. Veröffentlichungen des Bundesamtes für Umweltschutz u. d. Eidgenössischen Fischereiinspektionen, Solothurn.

MAYER, H., 1974: Die Wälder des Ostalpenraumes. Gustav Fischer Verlag. Stuttgart.

MERWALD, I., 1983: Schutzwasserbau in Österreich. Risk Kontroll, Magazin für Sicherheit u. Risiko, Heft 2 u. 3, Wien, 6. Jhg.

MERWALD, I., 1983: Naturnaher Wasserbau, Grenzen und Möglichkeiten. Risk Kontroll, Magazin für Sicherehit u. Risiko, Heft 4 u. 5, Wien, 6. Jhg.

MOOG, O., MERWALD, I.E. u. JUNGWIRTH, M., 1981: Der Dexelbach - zur Limnologie eines Flyschwildbaches -. Österreichs Fischerei, Jhg. 34/1981, Heft 5/6 u. 8/9.

MOOG, O., 1980: Die Phosphorbilanz der Ager-Seekette für die Jahre 1978 u. 1979. Arb. aus dem Labor Weyregg 4.

MOOG, O., 1982: Selbstreinigende und Phosphorrückhaltevorgänge in der Seenkette - Fuschlsee - Mondsee - Attersee. Endbericht des ÖEP, Wien.

MÜLLER, G., 1979: Phosphorbilanz in der Seekette Fuschlsee-Mondsee-Attersee. Arb. aus dem Labor Weyregg 3.

NEUMANN, R., 1964: Geologie für Bauingenieure. Verlag Wilhelm Ernst & Sohn, Berlin-München.

NIKOLSKY, G.V., 1963: The Ecology of Fishes. Academic Press, London and New York.

PRÜCKNER, R., 1951: Lebendverbauung und Fischerei. Österr. Fischerei 4. Jhg.

PRÜCKNER, R., 1965: Die Technik der Lebendverbauung. Ein Leitfaden der Ingenieurbiologie für Schutzwasserbau, Forstwesen und Landschaftsschutz, Österr. Agrarverlag, Wien.

RIEDEL, D., 1974: Fisch und Fischerei. Verlag Eugen Ulmer, Stuttgart.

ROSENGARTEN, J., 1953: Der Aufstieg der Fische im Moselfischpaß; Koblenz im Frühjahr 1952.

ROSSOLL, A., 1980: Fließgewässer in Oberösterreich. Landschaftswasserbau, Technische Universität Wien.

RÖSSERT; R., 1974: Hydraulik im Wasserbau. R. Oldenburg Verlag.

RUF, G., 1983: Der Einfluß der Verbauung auf die Fließgeschwindigkeit in Wildbächen. Allg. Forstzeitung, 94. Jhg., Folge 12.

SCHAUBERGER, W., 1957: Naturgemäßer Wasserbau an geschiebeführenden Flüssen. Wasser und Boden, Hamburg Blankensee, Nr. 11.

SCHIECHTL, H.M., 1973: Sicherungsarbeiten im Landschaftsbau, Grundlagen, Lebende Baustoffe, Methoden. Callwey, München.

SCHIECHTL; H.M., 1982: Pflanzenauswahl, Pflanzenbeschaffung, Pflege, Kosten. Landschaftswasserbau 3, Ökologie von Fließgewässern, Technische Universität Wien.

SCHINDLBAUER, G., 1981: Agrargeographie des Atterseegebietes. Diss. Universität Salzburg, 293 S.

SCHINDLER, O., 1963: Unsere Süßwasserfische. Kosmos und Naturführer, Franckh'sche Verlagshandlung Stuttgart.

SCHMASSMANN, P., 1924: Über den Aufstieg der Fische durch die Fischpässe an den Stauwehren. Schweiz. Fischerei-Zeit., Nr. 32.

SCHOOF, R., 1980: Environmental Impact of Channel Modifikation. Water Res. Bul. Vol. 16, No. 4.

SCHULZ, N. u. PIERY, G., 1982: Zur Fortpflanzung des Huchens (Hucho hucho L.)-Untersuchung einer Laichgrube. Österr. Fischerei, Jhg. 35.

SECKENDORFF, A. Fr. v., 1884: Verbauung der Wildbäche, Aufforstung und Berasung der Gebirgsgründe. Wilhelm Frick-Verlag, Wien.

SIAKALA, H., 1979: Der Fremdenverkehr im Atterseegebiet. Arb. aus dem Labor Weyregg 3.

STALLMANN, H., 1979: Limnologische Untersuchungen zum naturnahen Wasserbau. Wasserwirtschaft, Wasservorsorge, BMLF.

STINY, I., 1922: Technische Geologie. F. Enke, Stuttgart.

STRELE, G., 1950: Grundriß der Wildbach- und Lawinenverbauung. Springer Verlag, Wien.

STUART, T.A., 1957: The migrations and homing behaviour of brown trout. Science Invest. Freshwat. Fish. Scot. 18.

STURM, M., 1968: Geologie der Flyschzone im Westen von Nußdorf. Diss. Universität Wien.

TIMM, J., 1970: Hydromechanisches Berechnen. B.G. Teuber, Stuttgart.

TIPPELREITER, R., 1983: Sechzehn Jahre naturnahe Regulierung im Oberen Murtale. Wildbach- und Lawinenverbau, Heft 1.

TISCHLER, W., 1976: Einführung in die Ökologie. Gustav Fischer Verlag, Stuttgart.

TRINKL, K., 1983: Wehre - Fischaufstieg - zusammenhängendes Gewässersystem? Diplomarbeit, Universität für Bodenkultur.

TSCHERMAK, L., 1953: Zur Karte der Waldgebiete des österreichischen Waldes. Österr. Vierteljahresschrift, Sommer 1953, Nr. 94.

ÜBELAGGER, G., 1973: Retendieren, Dosieren und Sortieren. Mitt. d. FBVA, Österr. Agrarverlag, Wien, Heft 102.

UHLMANN, D., 1982: Hydrobiologie. Ein Grundriß für Ingenieure und Naturwissenschaftler, Gustav Fischer Verlag, Stuttgart.

VASNETSOV, V.V., 1953: The Origin of Spawning Migrations of migratory Fishes. Essays on General Problems in Ichthyology, U.S.S.R. Academy of Sciences Press.

WAGNER, A., 1944: Fischwege in Fließgewässern des Gebirgs- und Hügellandes. Diss. Universität für Bodenkultur.

WALTL, A., 1948: Der natürliche Wasserbau an Bächen und Flüssen. Amt der Oberösterr. Landesregierung, OÖ-Landesverlag, Wels.

WALTL, A., 1950: Der natürliche Flußbau. Österr. Wasserwirtschaft, Heft 12.

VI. ANHANG

PROFILBERECHNUNG für Dexelbach mit Lichtenbuchinger Graben.

a) Berechnung der Höchstwassermengen nach A. Specht:

Das Niederschlagsgebiet A beträgt 5,6 km². Nach A. Specht errechnet sich bei rasch fließenden Gewässern die Anflutzeit mit einem Drittel der Tallänge.

$$t = \frac{L}{3} ;$$

$L = 2{,}35$ km, $t = \frac{2{,}35}{3} = 0{,}78$ Stden = 47 Minuten.

Nach Specht, Tab. II ergeben sich für größte sekundliche Regenmenge (r) pro km²/sec. rund 21 m³/km²/sec.

Der Abflußkoeffizient ς bei einem t von 47 Minuten ergibt nach Tab. I

$$\varsigma = 0{,}88$$

Die größte Abflußmenge pro km²/sec. beträgt somit

$$q = r \cdot \varsigma = 21 \times 0{,}88 = 18{,}48 \text{ m}^3/\text{km}^2/\text{sec.}$$

Die gesamte, zum Abfluß gelangende Wassermenge ist daher:

$$Q = A \cdot q = 5{,}6 \times 18{,}48 = 103{,}38 \text{ m}^3/\text{sec.}$$

Aus bauwirtschaftlichen Gründen wird beabsichtigt, ein Profil nur für mittlere Hochwässer zu erstellen, welches nach A. Specht 1/3 - 1/5 der Hochwassermenge = Q_1 zu erfassen hat:

$$Q_1 = 1/3 \; Q = \frac{103{,}38}{3} = \text{rd } 34{,}5 \text{ m}^3/\text{sec.}$$

b) Ermittlung des Normalprofiles für die Regelstrecke nach Strickler:

Profilannahme:

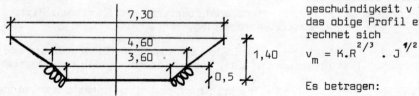

Die mittlere Wassergeschwindigkeit v für das obige Profil errechnet sich

$$v_m = K \cdot R^{2/3} \cdot J^{1/2}$$

Es betragen:

Die benetzte Fläche F = 7,40 m², der benetzte Umfang U = 8,2, der hydraulische Radius

$$R = \frac{F}{U} = \frac{7{,}40}{8{,}20} = 0{,}90,$$

das Minimalgefälle J = 20 ‰, der Reibungskoeffizient bei teilweise gemauerten Böschungen und unversicherter Sohle K = 36.

$$v_m = 36 \cdot 0{,}90^{2/3} \cdot 20^{1/2} = 36 \times 0{,}932 \times 0{,}141 = 4{,}73/\text{sec.}$$

Die faßbare Wassermenge im obigen Profil beträgt somit

$$Q_1 = F \cdot v = 35{,}0 \text{ m}^3/\text{sec.}$$

Die nach A. Specht berechnete Höchstwassermenge ergab $Q_1 = 34{,}5$ m³/sec. Das Profil genügt somit.

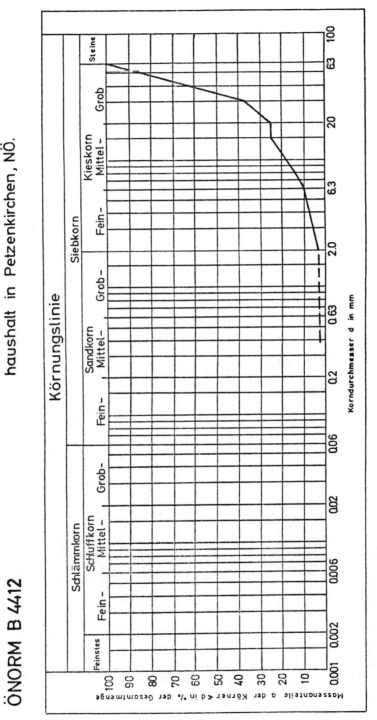

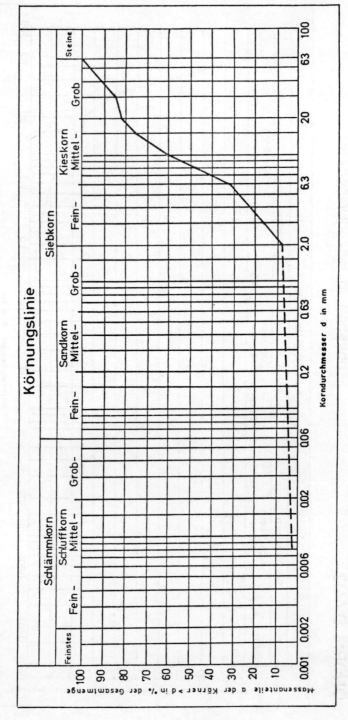

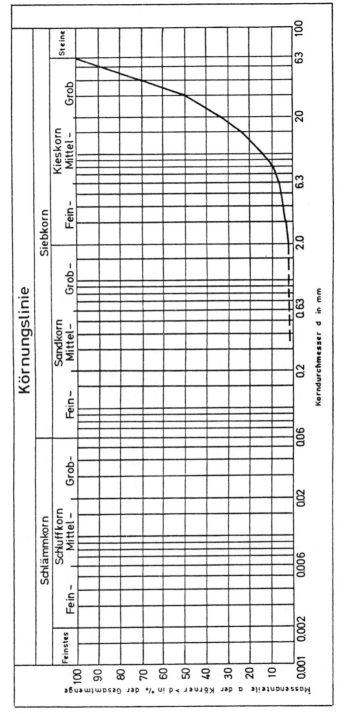

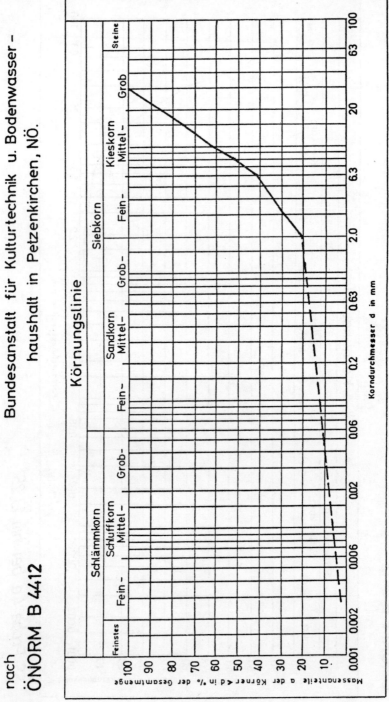

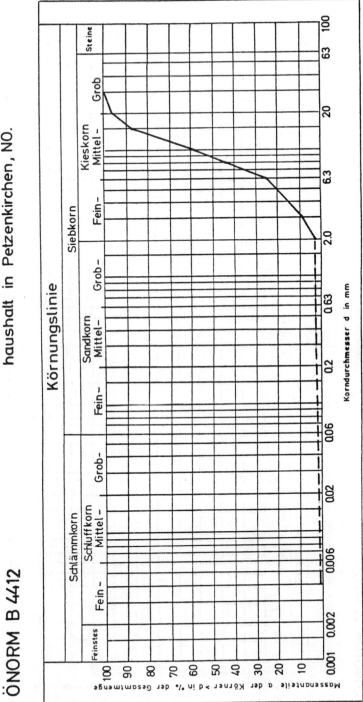

nach
ÖNORM B 4412

Bundesanstalt für Kulturtechnik u. Bodenwasserhaushalt in Petzenkirchen, NÖ.

Körnungslinie

SS Probe 5b bei hm 13,58

nach

ÖNORM B 4412

Bundesanstalt für Kulturtechnik u. Bodenwasserhaushalt in Petzenkirchen, NÖ.

Körnungslinie

SS Probe 6a bei hm 11,35

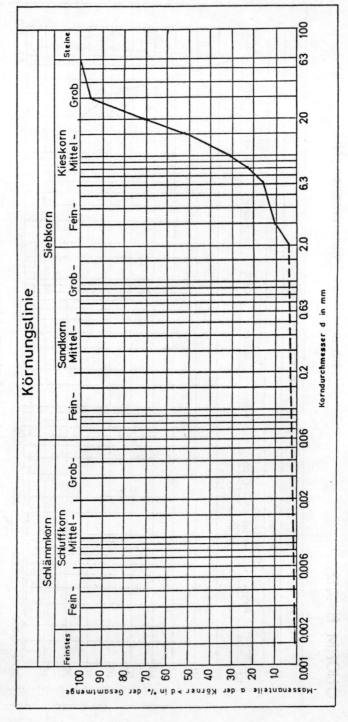

nach Bundesanstalt für Kulturtechnik u. Bodenwasser-
ÖNORM B 4412 haushalt in Petzenkirchen, NÖ.

Körnungslinie

SS Probe 7 bei hm 11,18

353

nach
ÖNORM B 4412

Bundesanstalt für Kulturtechnik u. Bodenwasserhaushalt in Petzenkirchen, NÖ.

Körnungslinie

SS Probe 8 bei hm 11,25

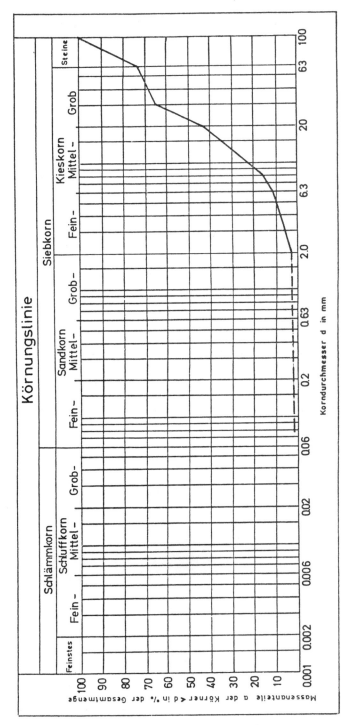

ZUSAMMENSTELLUNG DES CHEMISCH-PHYSIKALISCHEN

ANALYSENERGEBNISSES:

Probe vom
20.6.1985   BH. Vöcklabruck

Entnahmestelle   Dexelbach bei hm 13,50
                                      Sohlrampe unter Sp. 12

Geruch   muffig
Farbe, Auss. (Labor)   bräunl., trüb
                                      deutl. Schaumbildung

Ammonium (NH_4) .... mg/l   0,40
CSB .... mg/l   360
c-P   1 : 100   < 0,1

Tenside (UV-Derivativ):   10 mg/l (anionaktiv)

                                           Linz, am 28. Juni 1985

Amt der oö. Landesregierung
Wasserrechtsabteilung
UA. Gewässeraufsicht und
Gewässerschutz

zu Wa - 12801/1 - 1985
Gewässerverunreinigung im
Dexelbach, Gemeinde Nußdorf a.A.;

Äußerung
in chemischer Hinsicht

über die im Labor der Gewässeraufsicht durchgeführte physikalisch-chemische Untersuchung der von Herrn Ing. Merwald aus dem Dexelbach entnommenen und im Wege der Bezirkshauptmannschaft Vöcklabruck übermittelten Wasserprobe vom 20.6.1985.

Das beigefügte Analysenergebnis zeigt eine sehr hohe organische Belastung (CSB : 360 mg/l) sowie einen auffallend hohen Gehalt an anionaktiven Tensiden (10 mg/l). Der zusätzlich leicht erhöhte Ammoniumgehalt deutet auf eine Einleitung von häuslichen Abwässern hin, wobei jedoch - bedingt durch den hohen Tensidanteil (Schaumbildner) - der Anteil an Waschwässern überwiegen dürfte.

Über einen möglichen Verursacher kann von hier aus nichts ausgesagt werden, da Tenside dieses Typs praktisch in jedem Haushalt Verwendung finden.

Linz, am 28.Juni 1985

(Ing. Huber)

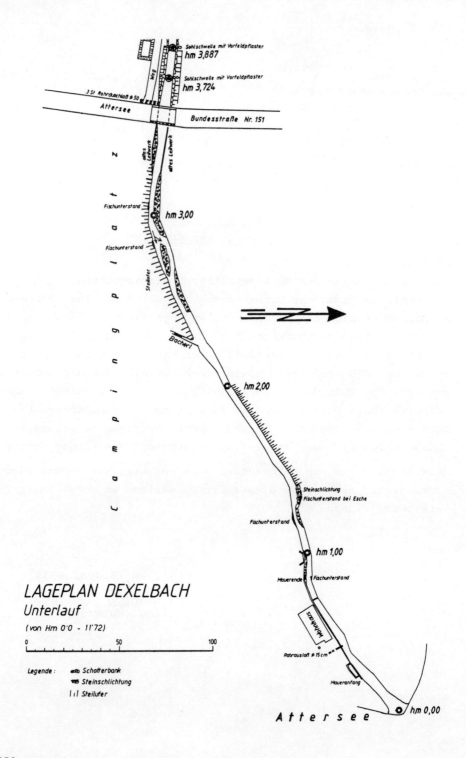

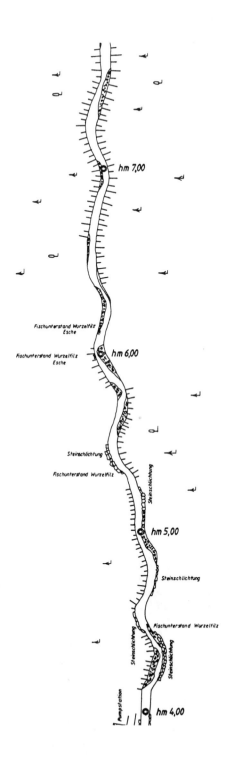

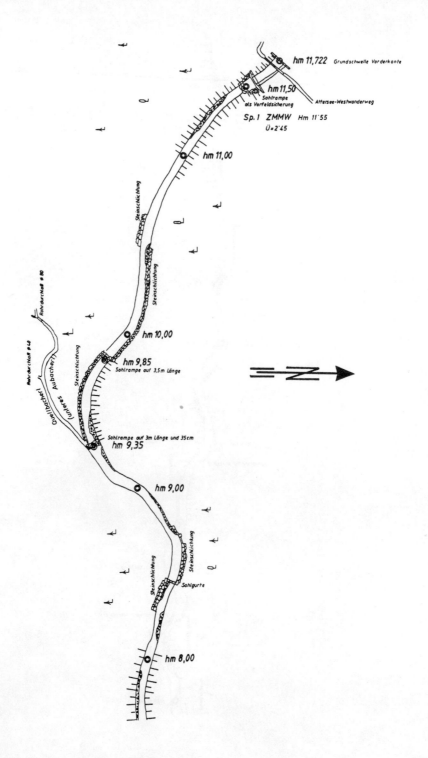

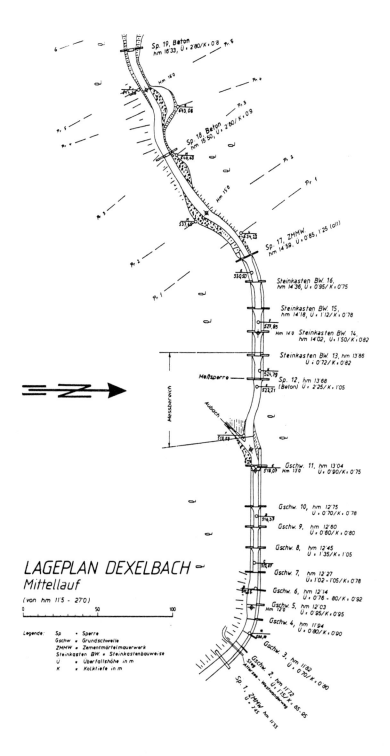

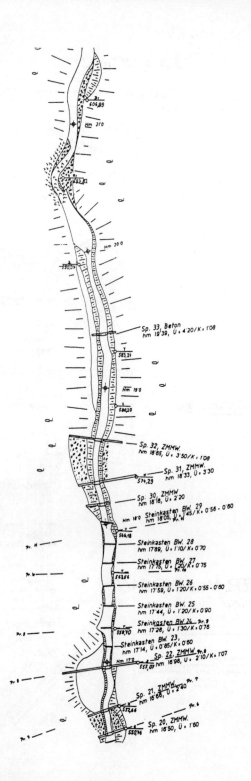

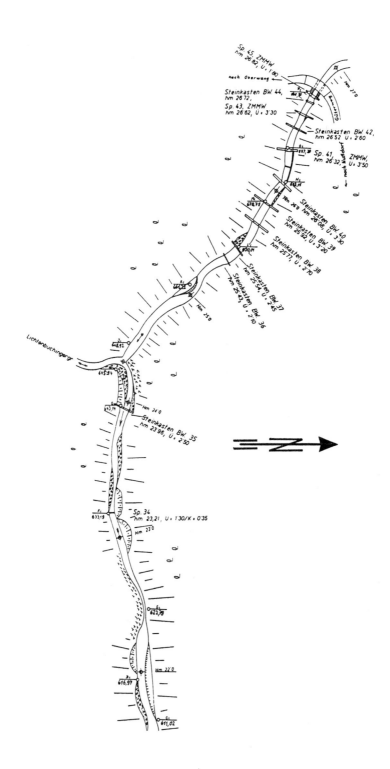

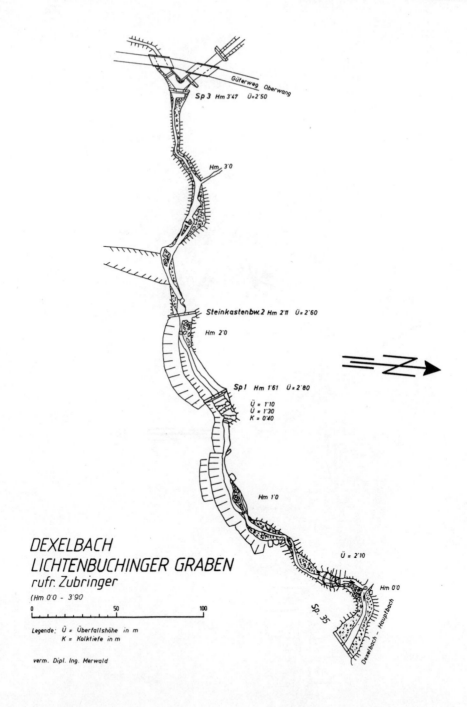

Aus dem Publikationsverzeichnis der Forstlichen Bundesversuchsanstalt

Mitteilungen der Forstlichen Bundesversuchsanstalt Wien

Heft Nr.

135 "Österreichisches Symposium Fernerkundung"
(1981) Veranstaltet von der Arbeitsgruppe Fernerkundung der Österreichischen Gesellschaft für Sonnenenergie und Weltraumfragen (ASSA) in Zusammenarbeit mit der Forstlichen Bundesversuchsanstalt, 1. - 3. Oktober 1980 in Wien

Preis ö. S. 250,-

136 "Großdüngungsversuch Pinkafeld"
(1981) JOHANN Klaus: "Ertragskundliche Ergebnisse"
STEFAN Klaus: "Nadelanalytische Ergebnisse"

Preis ö. S. 150,-

137/I "Nachweis und Wirkung forstschädlicher Luftverunreinigungen"
(1981) IUFRO-Fachgruppe S2.09-00 Luftverunreinigungen, Tagungsbeiträge zur XI. Internationalen Arbeitstagung forstlicher Rauchschadenssachverständiger, 1. - 6. September 1980 in Graz, Österreich

Preis ö. S. 180,-

137/II "Nachweis und Wirkung forstschädlicher Luftverunreinigungen"
(1981) IUFRO-Fachgruppe S2.09-00 Luftverunreingungen, Tagungsbeiträge zur XI. Internationalen Arbeitstagung forstlicher Rauchschadenssachverständiger, 1. - 6. September 1980 in Graz, Österreich

Preis ö. S. 200,-

138 "Beiträge zur Wildbacherosions- und Lawinenforschung" (3)
(1981) IUFRO-Fachgruppe S1.04-00 Wildbäche, Schnee und Lawinen

Preis ö. S. 200,-

139 "Zuwachskundliche Fragen in der Rauchschadensforschung"
(1981) IUFRO-Arbeitsgruppe S2.09-10 "Diagnose und Bewertung von Zuwachsänderungen", Beiträge zum XVII. IUFRO-Kongress

Preis ö: S. 100,-

140 "Standort: Klassifizierung-Analyse-Anthropogene Veränderungen"
(1981) Beiträge zur gemeinsamen Tagung der IUFRO-Arbeitsgruppen S1.02-06, Standortsklassifizierung, und S1.02-07, Quantitative Untersuchung von Standortsfaktoren, 5. - 9. Mai 1980 in Wien, Österreich

Preis ö. S. 250,-

Heft Nr.

141 MÜLLER Ferdinand: "Bodenfeuchtigkeitsmessungen in den Donauauen des
(1981) Tullner Feldes mittels Neutronensonde"

Preis ö. S. 150,-

142/I "Dickenwachstum der Bäume"
(1981) Vorträge der IUFRO-Arbeitsgruppe S1.01-04, Physiologische Aspekte der
Waldökologie, Symposium in Innsbruck vom 9. - 12. September 1980

Preis ö. S. 250,-

142/II "Dickenwachstum der Bäume"
(1981) Vorträge der IUFRO-Arbeitsgruppe S1.01-04, Physiologische Aspekte der
Waldökologie, Symposium in Innsbruck vom 9. - 12. September 1980

Preis ö. S. 250,-

143 MILDNER Herbert, HASZPRUNAR Johann, SCHULTZE Ulrich: "Weginventur im
(1982) Rahmen der Österreichischen Forstinventur"

Preis ö. S. 150,-

144 "Beiträge zur Wildbacherosions- und Lawinenforschung" (4)
(1982) IUFRO-Fachgruppe S1.04-00 Wildbäche, Schnee und Lawinen

Preis ö. S. 300,-

145 MARGL Hermann: "Zur Alters- und Abgangsgliederung von (Haar-)
(1982) Wildbeständen und deren naturgesetzlicher Zusammenhang mit dem Zuwachs und
dem Jagdprinzip"

Preis ö. S. 100,-

146 MARGL Hermann: "Die Abschüsse von Schalenwild, Hase und Fuchs in Beziehung
(1982) zu Wildstand und Lebensraum in den politischen Bezirken Österreichs"

Preis ö. S. 200,-

147 "Forstliche Wachstums- und Simulationsmodelle"
(1983) Tagung der IUFRO-Fachgruppe S4.01-00 Holzmessung, Zuwachs und Ertrag, vom
4. - 8. Oktober 1982 in Wien

Preis ö. S. 300,-

148 HOLZSCHUH Carolus: "Bemerkenswerte Käferfunde in Österreich" III
(1983) Preis ö. S. 100,-

Heft Nr.

149 (1983) SCHMUTZENHOFER Heinrich: "Über eine Massenvermehrung des Rotköpfigen Tannentriebwicklers (Zeiraphera rufimitrana H.S.) im Alpenvorland nahe Salzburg"

Preis ö. S. 150,-

150 (1983) SMIDT Stefan: "Untersuchungen über das Auftreten von Sauren Niederschlägen in Österreich"

Preis ö. S. 150,-

151 (1983) "Forst- und Jagdgeschichte Mitteleuropas"
Referate der IUFRO-Fachgruppe S6.07-00 Forstgeschichte, Tagung in Wien vom 20. - 24. September 1982

Preis ö. S. 150,-

152 (1983) STERBA Hubert: "Die Funktionsschemata der Sortentafeln für Fichte in Österreich"

Preis ö. S. 100,-

153 (1984) "Beiträge zur Wildbacherosions- und Lawinenforschung" (5)
IUFRO-Fachgruppe S1.04-00 Wildbäche, Schnee und Lawinen

Preis ö. S. 250,-

154/I (1985) "Österreichische Forstinventur 1971 - 1980, Zehnjahresergebnis"

Preis ö. S. 220,-

154/II (1985) "Österreichische Forstinventur 1971 - 1980, Inventurgespräch"

Preis ö. S. 100,-

155 (1985) Braun Rudolf: "Über die Bringungslage und den Werbungsaufwand im österreichischen Wald"

Preis ö. S 250,-

156 (1985) "Beiträge zur Wildbacherosions- und Lawinenforschung" (6)
IUFRO-Fachgruppe S1.04-00 Wildbäche, Schnee und Lawinen

Preis ö. S 250,-

157 (1986) "Zweites österreichisches Symposium Fernerkundung"
Veranstaltet von der Arbeitsgruppe Fernerkundung der Österreichischen Gesellschaft für Sonnenenergie und Weltraumfragen (ASSA) in Zusammenarbeit mit der Forstlichen Bundesversuchsanstalt, 2. - 4. Oktober 1985 in Wien

Preis ö S 250,-

Heft Nr.

158/I MERWALD Ingo: "Untersuchung und Beurteilung von Bauweisen der Wildbach-
(1987) verbauung in ihrer Auswirkung auf die Fischpopulation".
Dargestellt am Dexelbach - einem Flyschwildbach"

Preis ö. S. 250,--

158/II MERWALD Ingo: "Untersuchung und Beurteilung von Bauweisen der Wildbach-
(1987) verbauung in ihrer Auswirkung auf die Fischpopulation".
Dargestellt am Dexelbach - einem Flyschwildbach"

Preis ö. S. 250,--